北京市教育委员会专业建设资助项目

后浪出版

后浪电影学院046

（插图版）

视频技术基础

孙 略◎著

世界图书出版公司
北京·广州·上海·西安

前　言

随着数字技术的不断发展，胶片正在从电影的前期拍摄、后期制作、发行及放映等各个环节中逐步退出历史舞台，电影已经进入了全面数字化的时代。

本世纪以来，我国数字电影技术取得了飞速发展。目前，在前期拍摄阶段，90%以上的影片采用数字摄影机；在后期制作阶段，传统胶片的剪辑、配光等手段几乎绝迹，被数字技术全面取代；在发行、放映阶段，传统胶片拷贝所占比例快速减少，国内新增银幕全部为数字银幕。在电影产业的各个环节中，传统胶片遭到了无情地淘汰。

作为数字电影技术的重要组成部分，视频技术是研究数字影像的获取、存储、传输、处理及再现的一门基础性技术。视频技术与图像处理技术并列为数字电影技术的两大基础性技术。

对于数字时代的电影制作人员以及电影技术工作者，只有掌握了一定的视频技术基础知识，才能了解相关设备的工作原理，才能正确使用各类数字电影设备，才能合理设计、规划电影制作流程，才能开发出具有实用价值的软硬件制作系统，才能拍摄出高质量的影片，从而提升我国电影制作的整体水平。

作为北京电影学院影视技术系影视摄影与制作专业“视频技术基础”课程的教材，本书在撰写过程中充分考虑了专业教学的特点与需求，在内容编排上尽量做到全面、系统，在理论深度上尽量考虑本科学生的接受能力，同时注重与该专业其他课程的衔接。作为一门专业基础课的教材，同时也考虑到数字视频技术本身的快速发展，在本书撰写过程中，作者侧重于对时效较长的理论的论述，为学生打下扎实的基础。对于各类视频设备的介绍则侧重于一般性原理，因为只有掌握了基本原理，学生才能在实践中较快地掌握各类设备的原理及使用方法。

本书第一章“人眼视觉与图像属性”，从分析人眼视觉特性的角度出发，介绍数字图像的特点及其与人眼视觉之间的关系；第二章“色彩科学”主要介绍色度学基础知识以及视频技术中的相关色彩知识；第三章“感光元件”介绍CCD与CMOS的工作原理和各类分光方式；第四章“扫描与同步”介绍扫描与同步原理；第五章“模拟与数字”介绍模拟视频与数字视频的相关基础知识及二者间的关系；第六章“视频传输”介绍模拟与数字视频信号的传输原理以及各类视频接口的特点；第七章“视频标准与视频格式”介绍各类视频标准与格式的特点；第八章“视频的存储”介绍不同视频存储介质及其工作原理；第九章“时间与时码”介绍时间与时码的相关基础知识；第十章“显示”介绍不同显示设备的工作原理及特性；第十一章“伽马”介绍视频影像伽马原理。

本书可作为各大专院校影视制作、视频工程、数字媒体技术以及摄影等相关专业的教材或参考书。对影视制作、多媒体制作等相关领域的技术工作者也具有一定的参考价值。

由于本人能力、水平的限制，书中难免出现错误或不妥之处，欢迎广大专家和读者批评指正。

致　谢

感谢北京电影学院影视技术系刘戈三老师、李铭老师、郭学玲老师、陈军老师、朱梁老师以及其他同事在本书撰写及出版过程中对本人的帮助和支持；感谢影视技术系2012级全体研究生在本书一校过程中所付出的努力；感谢影视技术系2011级全体本科生，课堂上你们的反馈极具价值。

感谢后浪“电影学院”编辑部，你们辛勤的工作保证了本书的质量。

感谢我的博士生导师沙占祥教授，您严谨的学风将影响我的一生。

目 录
Contents

第 1 章
人眼视觉与图像属性

视频图像最终是要呈现给观众的，观众的需求决定了视频图像的属性。在现有技术条件下，视频图像的处理成本以及视频图像的质量是两个相互制约的因素。处理成本主要指在获取、记录、传输和再现视频图像的过程中发生的经济成本以及时间成本；而视频图像的质量主要指其对视觉信息再现的完整性、准确性以及艺术性。本书主要研究视频技术在影视领域的应用原理与应用技术，对于成本与质量两个因素，电影侧重考虑质量因素，而电视则力求在二者之间找到符合市场需求的平衡点。

不论电影或电视，最终的画面都要呈现给观众，从某种意义上讲，视频图像的质量只有一种评价方法，就是观众的认可，而人的视觉特点以及心理特点在其中起到了决定性作用。本章在介绍人眼视觉特点的基础上，注重讨论视频图像的内部结构、分辨率、扫描方式、扫描速度以及视频图像动态范围等基本属性，从而使读者了解人眼视觉特点与视频图像属性之间的关系。

1.1　人眼的结构

人眼的结构是非常复杂的，图 1–1 显示了人眼的主要组成部分。

如图 1–1 所示，眼球由多层组织构成，最外层是蛋白质层，眼球壁的前部是透明的，称为角膜，光线通过角膜进入眼内，眼球壁的其他部分为非透明的白色组织，称为巩膜，主要起保护眼球的作用。巩膜里面的一层由虹膜和脉络膜组成，脉络膜内含有丰富的色素，为黑色，具有遮光作用。而虹膜的颜色具有种族差异，分别有黑色、蓝色和褐色等。

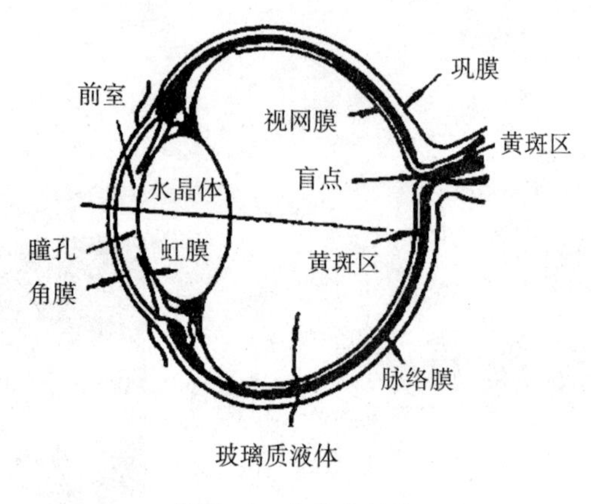

图1–1 人眼的结构

虹膜中间的圆孔为瞳孔，虹膜的环状肌肉可调节瞳孔的大小，一般成人瞳孔的调节范围为2至8毫米。瞳孔的作用与照相机的光圈相同，主要是控制进入眼内的光通量。

眼球壁最里层为视网膜层，由众多的感光细胞组成。感光细胞分杆状细胞和锥状细胞两种。杆状细胞分布于视网膜的边缘区域，主要负责暗视视觉，对亮度非常敏感，通常在照度比较低的情况下起作用，它对色彩的分辨能力很差，这就是为什么我们在昏暗的环境中较难分辨物体色彩的原因。锥状细胞分布在视网膜的中心区域，主要负责明视视觉，它既能分辨光线的强弱，又能辨别色彩。所有的感光细胞都与视神经连接，视神经汇集到视网膜上的一点，然后通向大脑，该汇集点无感光细胞，称为盲点。

瞳孔后面有一个扁球形透明体，称为晶状体，它与照相机中的镜头作用相似，可使景物在视网膜上清晰成像。正对晶状体的视网膜上有一个集中了大量锥状细胞的黄斑区，是感光细胞最密集的地方，而且每一个感光细胞都对应一条视神经，所以此区域感知景物的清晰度最高。视网膜上距离黄斑区越远的区域，感光细胞分布越稀松，而且多个感光细胞对应一条视神经，所以离黄斑区越远，清晰度越低。

眼球前室充满了透明液体，对紫外线具有一定的吸收作用。后室充满了玻璃质液体，起到一定的滤光保护作用。

1.2 人眼视觉与影像分辨率

1.2.1 影像分辨率

图1–2表示了各种格式视频影像的分辨率，视频影像的分辨率由水平分辨率和垂直分辨率组成。水平分辨率就是数字视频影像水平方向上的像素数目，而垂直分辨率

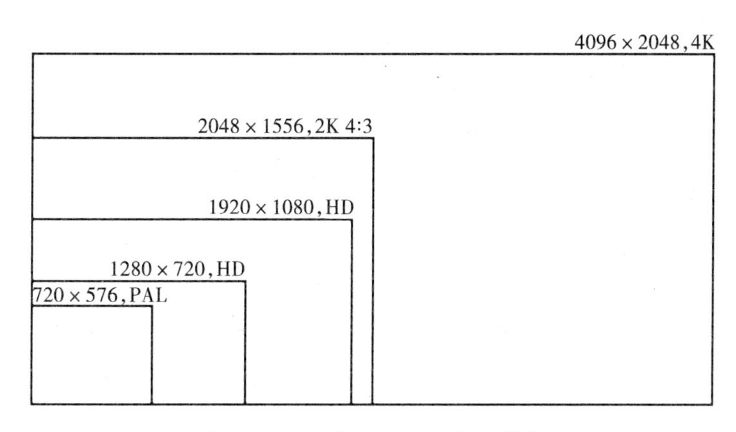

图1-2　不同格式视频影像分辨率

是垂直方向上的像素数目。水平分辨率 × 垂直分辨率 = 影像的像素数。水平、垂直分辨率以及像素宽高比共同决定了影像的宽高比。

影像分辨率越高，所传达的信息量就越大，对景物细节的表现就越丰富。但影像分辨率应符合其用途，并不是越高越好。例如许多网络上的视频应采用较小的320 × 240的分辨率，其单帧总像素数只有7.6万，经压缩后，可以大幅度减少传输成本，便于点播或下载。而目前在电影制作过程中已经广泛出现的4K格式，其单帧总像素数达到千万以上，二者的总像素数目相差100多倍，显然4K格式并不适合网上播放。

1.2.2 观看距离及视角

当我们检查视力的时候，视力表上有各种大小不同的“E”字，被测者与视力表的距离为5米，如果被测者刚好能看清标注为“1.5”的那一行“E”字的朝向，说明被测者的视力为1.5，1.5的视力代表被测者具有正常而健康的视力水平。“E”字的大小以及测试距离必须是恒定的，这样才能保证视力测量结果的统一，如图1-3所示。

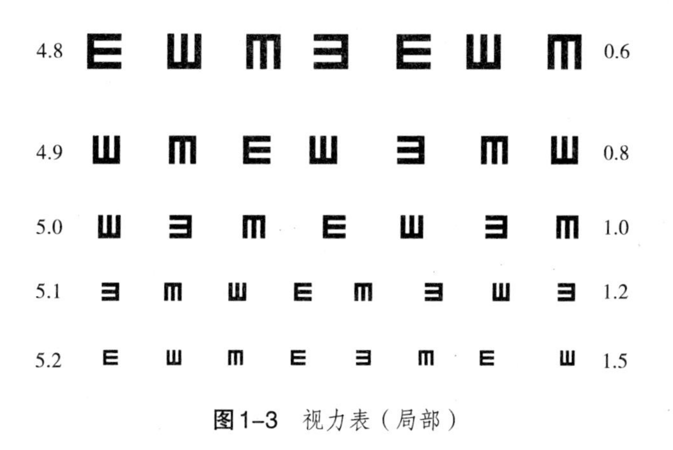

图1-3　视力表（局部）

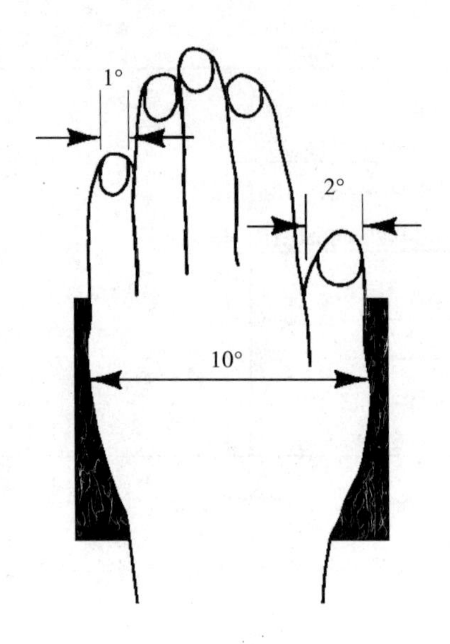

图1-4 手掌与视角

视力表是根据视角的原理设计的。所谓视角就是由外界两点发出的光线汇聚于人眼时所形成的夹角。正常情况下，人眼能分辨出两点的最小距离与人眼所形成的视角为最小视角，研究表明，最小视角约为1/60°。视力表就是以此进行设计的。当被测者距离5米观看视力表时，代表1.5视力的那一行“E”字相对于人眼的视角刚好为1/60°，也就是1′。

我们现在了解了人眼分辨率以视角表示约为1′，这个角度是一个非常小的数值，我们很难想象1′视角到底有多大。但是有一个简单的方法可以让我们了解1°角的大小。方法如下，将我们的胳膊伸直，将手背面向自己，这时小拇指相对于我们的眼睛所展开的视角约为1°，大拇指为2°，而整个手掌的宽度约为10°，如图1-4所示。根据前述原则，在小拇指的宽度内必须具备60个以上的像素人眼才能够认为影像是连续的，也就是看不出独立的像素。

1′视角在视频技术中是一个关键的参数，视频影像的分辨率和观看距离都需要根据这个参数来制定。根据公式1.1，观看距离需要大于像素宽度的3400倍才能消除“像素感”。

$$3400 \approx \frac{1}{\sin\left(\frac{1}{60}\right)^{\circ}} \qquad （公式1.1）$$

PAL制标准清晰度电视有效行数为576，也就是从屏幕的上方向下计算，在一帧之内一共扫描了576行。根据3400/576≈5.9，得出在观看PAL制标清电视时距离屏幕的距离应大于屏幕高度的5.9倍。同样道理，NTSC制标准清晰度电视有效行数为480，

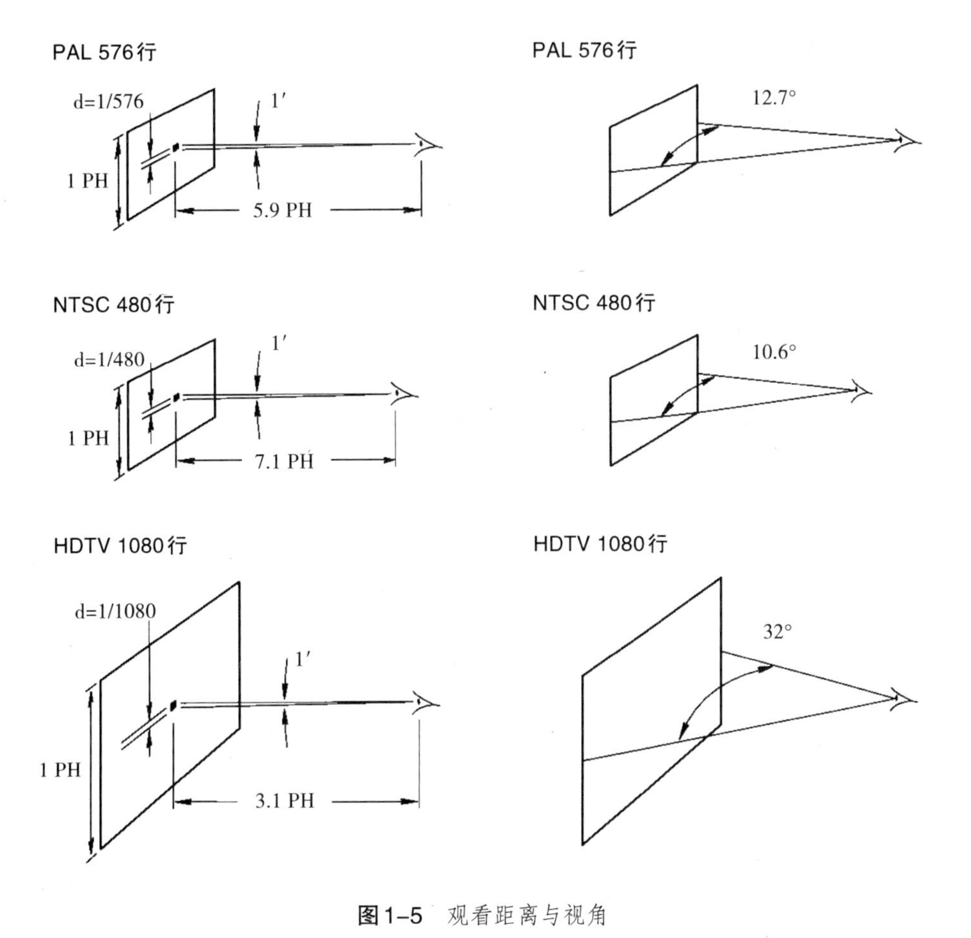

图1–5 观看距离与视角

3400/480≈7.1，即在观看NTSC制标清电视时距离屏幕的距离应大于屏幕高度的7.1倍。根据以上计算，如果PAL制和NTSC制电视的屏幕尺寸是一致的话，我们在观看NTSC制电视的时候需要距离屏幕更近一些才能获得同样的清晰效果，如图1–5所示。

同样基于以上假设，即PAL制和NTSC制电视的屏幕尺寸一致，为了获得相同的清晰效果，观看NTSC制电视的时候需要距离屏幕更远一些，这意味着我们在观看NTSC制电视的时候对屏幕张开的垂直视角小于PAL制电视，即普通观众们常说的“画面小了”。由1′ ×576≈9.6°，得出观看PAL制电视时可获得的最大垂直视角约为9.6°，由于标清电视的宽高比为1.33，那么9.6° ×1.33≈12.7°，得出观看PAL制电视时可获得的最大水平视角约为12.7°。同理，NTSC制的最大垂直视角和水平视角分别约为8°和10.6°，而1920×1080分辨率的高清晰度电视的最大垂直视角和水平视角分别约为18°和32°，从这些数据可以得出，观众在观看高清电视时所获得的视角远远大于标清电视。同时，经计算不难得出，观众在观看1920×1080分辨率的高清电视时，只需要距离电视约3倍屏幕高度即可获得清晰画面，观看距离远远小于标清电视，如图1–5所示。

在印刷技术中也存在同样的道理，较高质量印刷产品的分辨率需要大于300，也就是大于每英寸300个点，3400/300≈11英寸，约为28厘米，也就是只有在阅读距离小于28厘米的条件下，正常人眼才能观察到印刷网格，而人们平时阅读的一般距离为35厘米左右。

1.2.3 画面宽高比

人眼的视角范围并不是正方形的，水平视角要大于垂直视角，所以电视画面以及电影画面的宽高比都大于1。根据标准的不同，不同种类影像具有不同的画面宽高比，如表1–1。

表1–1 不同种类影像的画面宽高比

类别	名称	画面宽高比
电影画面	全画幅（Full Aperture）	1.33∶1（4∶3）
	学院画幅（Academy）	1.37∶1
	遮幅宽银幕（Flat）	1.85∶1或1.66∶1
	变形宽银幕（Cinemascope）	2.35∶1
电视画面	标准清晰度电视（SDTV）	1.33∶1（4∶3）
	高清晰度电视（HDTV）	1.78∶1（16∶9）

由于画面宽高比的不同，在影视广播、放映及制作的过程中经常会遇到画面宽高比的转换问题。画面宽高比转换一般会遇到两种情况，一种是将较低的画面宽高比转换为较高的画面宽高比，另一种情况则相反。图1–6显示了4∶3与16∶9画面之间的相互转换方法，其他宽高比画面之间的转换与其类似。

其中，a图、b图和c图为4∶3画面转换为16∶9画面。a为画面两边加遮幅；b为画面上下直接裁切；c为画面垂直方向压缩。d图、e图和f图为16∶9画面转换为4∶3画面。d为画面左右两边直接裁切；e为画面上下加遮幅；f为画面水平方向压缩。

1.2.4 像素宽高比

数字视频画面由若干像素组成，所谓像素宽高比（Pixel Aspect Ratio）是指某一个具体像素的宽度和高度的比例。并不是所有的像素宽高比都是1，有些视频格式的像素是正方形的，有些视频格式的像素是矩形的。例如大多数计算机视频系统的像素

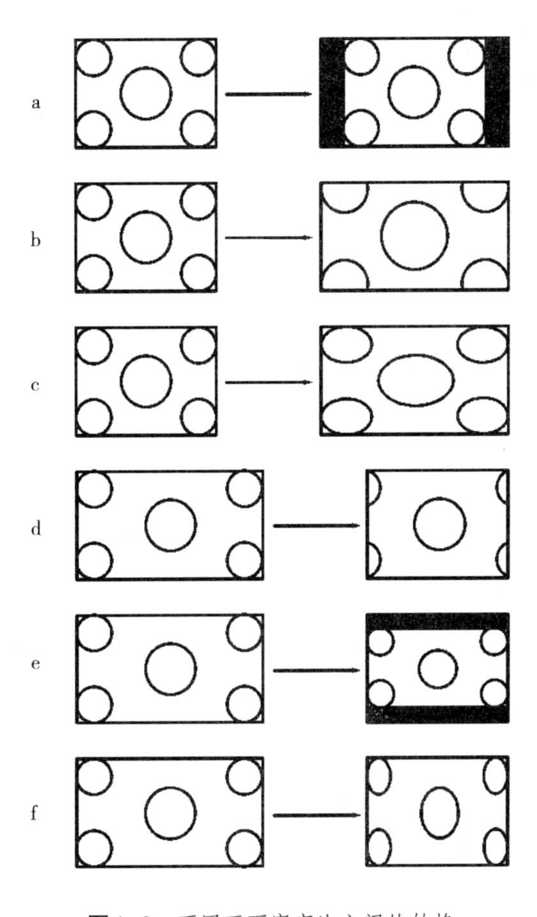

图1-6　不同画面宽高比之间的转换

宽高比为1，1920×1080高清标准以及720HDV的像素宽高比也为1，而1080HDV以及DVCPRO HD的像素宽高比为1.33（4∶3），另外，NTSC制DV（非宽屏）像素宽高比为0.9，PAL制DV（非宽屏）像素宽高比为1.066。需要强调的是，模拟视频信号本身并没有像素的概念，只有行的概念，亮度信号在一行的范围内是连续变化的，所以模拟信号本身也不存在像素宽高比的概念，只有在数字化以后才具备像素概念，才能讨论像素宽高比。而模拟显示器由若干具体像素组成，存在像素宽高比的概念。

以PAL制DV为例，其有效像素为720×576，如果在像素分辨率为1的显示系统中显示，其画面宽高比为720/576=1.25（5∶4），并不是PAL制的1.33（4∶3），这是因为PAL制DV本身的像素宽高比为1.066，而1.25×1.066=1.33，如图1-7所示。

又如DVCPRO HD1080p/i格式的水平分辨率为1440，而不是1920。DVCPRO HD是一种记录格式，这种记录格式的像素宽高比为4∶3，在视频采集的过程中，会将1440的水平分辨率上变换为1920，从而达到16∶9的画幅宽高比。

在实际影片制作过程中，像素宽高比的不一致可能会造成一定的问题，这类问题

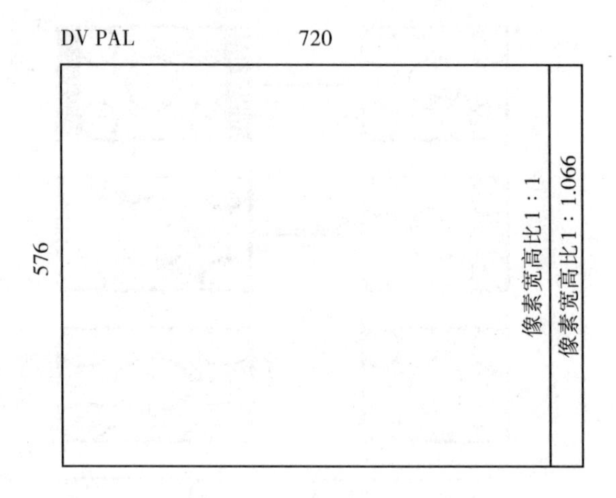

图1–7 PAL制DV在像素宽高比为1和1.066的显示系统中显示的画幅比

往往出现在画面采集和输出的过程中，一般的采集和输出系统都具有像素宽高比的设定功能，只要明确影片最终画面宽高比，并以此为依据选择适当的像素宽高比即可避免错误的发生。

1.3 人眼视觉与影像扫描

1.3.1 临界闪烁频率

人眼对光线的反应具有一种延时效应。当一定强度的光突然作用于视网膜时，人眼对此强光的亮度感觉并不是稳定的，在强光刚刚摄入视网膜的一瞬间，人眼对此光线的亮度感觉几乎为零，而随着时间的推移，在极短时间内（大约在0.05秒至0.15秒范围内），主观的亮度感觉升至最大，可能要大于实际光线的亮度。而后，亮度感觉会逐渐降低到相对稳定的正常值。图1–8为不同亮度下亮度感觉与时间的关系。所以，在相同亮度下，闪烁光源比稳定光源对人眼的视觉刺激更加强烈，这就是为什么救护车的警示灯采用闪烁光源的原因。

另一方面，当光线突然消失后，人眼对亮度的感觉并没有马上消失，而是随着时间的推移逐渐减小，如图1–9所示，当较窄的脉冲光线作用于视网膜后，人眼对亮度变化的感觉有明显的延时效果，在脉冲光线消失后的特定时间内，人眼对亮度的感觉仍旧存在，这种特性称为视觉惰性。

电影正是利用了这种视觉惰性从而产生连续的运动画面。在拍摄影片时，每秒共有24格胶片曝光，在放映影片时，每一格胶片会闪烁两次（每一格画面会被遮挡一次，

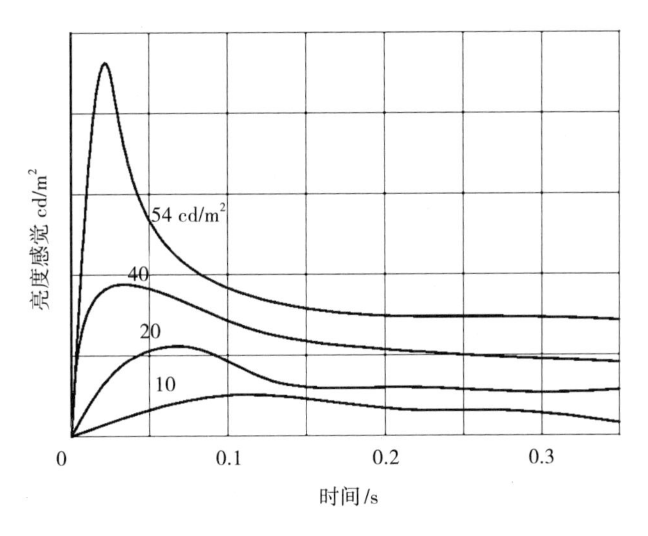

图1–8　不同亮度下亮度感觉与时间的关系

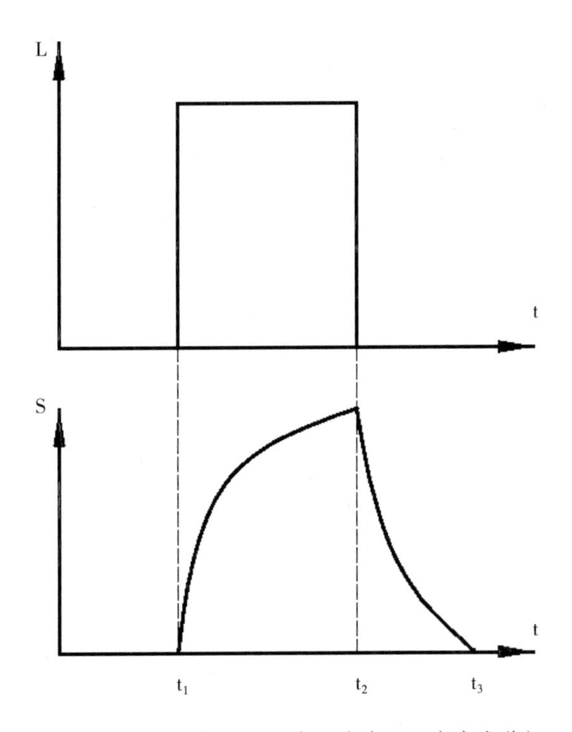

图1–9　视觉惰性（L–实际亮度；S–亮度感觉）

形成两次闪烁），所以在观看胶片放映的影片时，我们看到的画面每秒钟闪烁48次。我们都有观看电影的经验，在影院环境下，每秒48次的闪烁频率并没有产生视觉上的闪烁感。如果降低画面的闪烁频率至原来的一半，即每秒24次，所有的观众均会感到强烈的闪烁感。

假设有一盏可以随意调整闪烁频率的警灯，我们逐步增加警灯的闪烁频率，当频率达到某一数值时，闪烁感便消失，我们将这个频率称为临界闪烁频率，警灯的闪烁频率只要大于临界闪烁频率，人眼就会感觉它发出的光是连续而稳定的。一般认为人眼的临界闪烁频率在45Hz左右，临界闪烁频率并不是一个常数，它与光源亮度、环境亮度、观看距离等诸多因素密切相关，例如我们在观看每秒48次闪烁的电影时，并没有明显的闪烁感，但是在某些情况下，刷新率为60Hz的CRT显示器会给我们带来一定的闪烁感。

1.3.2 扫描方式与扫描速度

为了达到临界闪烁频率，理论上视频影像的闪烁频率必须高于临界闪烁频率。在视频影像显示过程中，每一帧画面一行接着一行连续扫描而成的方式叫做逐行扫描。每一帧画面通过两场扫描完成则是隔行扫描，两场扫描中，第一场（奇数场）只扫描奇数行，依次扫描1、3、5…行，而第二场（偶数场）只扫描偶数行，依次扫描2、4、6…行。i（interlace）表示隔行扫描，p（progressive）表示逐行扫描。在达到相同的闪烁频率的情况下，隔行扫描的带宽只有逐行扫描的一半，因此可以将隔行扫描视为一种技术折中手段。但是隔行扫描也会带来一些问题，详见第四章的“扫描方式与运动再现”一节。

我们经常会遇到例如“1080p25”这样的表述方式，其中数字“1080”表示行数，也就是水平扫描线的数量，字母“p”表示逐行扫描，“25”表示每秒扫描25帧。同样，“1080i50”中的“i”表示隔行扫描，“50”表示每秒扫描50场，由于两场组成一帧，所以“50”也意味着每秒扫描25帧。

需要特别注意的是，“1080p25”这样的表述方式主要指视频影像在拍摄过程中的一种格式，也可以作为显示系统的接收格式。在作为显示系统的接收格式时，它并不代表显示系统真正的显示方式，仅代表该显示系统可以接收“1080p25”这样的视频格式。如果显示系统每秒钟只显示25帧画面的话，一定会出现较强的闪烁感。一般情况下，显示系统会将25p转换成50i或50p，从而消除闪烁感。

电脑显示系统只有逐行扫描一种方式，它的帧扫描速度称为刷新率，一般情况下应大于60帧/秒。刷新率与闪烁感之间的关系与显示器的本身特性有关系，由于液晶显示器采用背光系统作为光源，而每一个像素的亮度变化为连续的、不间断的，所以在60帧/秒的情况下不会出现闪烁感。而CRT显示器的发光原理为电子束打到荧光粉上发光，所以每一个像素的亮度变化是非连续的，某些条件下，60帧/秒的刷新率也会带来闪烁感。

1.3.3 帧频与运动表现

人类的视觉系统能够在一秒钟内“独立识别”的静止影像为10至12帧画面，也就是当摄影机以低于10至12帧每秒的速度拍摄后，以相同速度回放，人眼并不能将回放画面顺畅地连接起来，人眼此时看到画面中物体的运动是“间断”的、不连续的。早期无声电影的放映速度没有统一的标准，一般在每秒14至24帧之间，在20世纪20年代中晚期，无声电影的放映速度提高到每秒20至26帧之间。一般认为大于每秒15帧的活动画面就可以使运动连续起来，如前文所述，为了消除闪烁感，电影在放映时每幅画面被遮挡一次甚至两次。当有声电影出现后，不同的放映速度会改变声音的音高，由于人耳对音高变化非常敏感，声音的回放速度必须与记录速度一致，迫使电影的放映速度必须统一起来。在20世纪20年代晚期，每秒24帧的放映速度逐渐成为35毫米电影的标准并一直延续至今。按照目前的标准，电影以每秒24帧的速度拍摄，在放映时仍以每秒24幅画面的速度播放，但是闪烁48次。每秒24帧画面保证运动的连续性，每秒48次的闪烁速度保证闪烁感消除，这是两个不同的概念。

近年来，随着电影制作流程全数字化的发展，数字电影的高速度拍摄、处理以及放映成本逐渐降低，使得每秒48帧的拍摄及放映速度的普及成为可能，业界也掀起了一股48fps的高潮。与24fps相比，48fps对运动的表现更加顺畅，可以明显地消除运动抖动。但是24fps是有近百年历史的标准，已经被验证为可行的、观众完全能够接受的速度，48fps是否具有更高的实用性遭到了一定程度的质疑。由彼得·杰克逊（Peter Jackson）拍摄的第一部48fps电影《霍比特人》（*The Hobbit*，2012）在试映时得到了一些负面评价，有的观众对过于顺畅的运动感到不适应，甚至有人认为它更像电视上的体育节目，这种感觉可能源于过于具体的细节。太“精确”的运动是否削弱了电影的画面、表演等其他重要因素呢？彼得·杰克逊认为观众需要时间来适应48fps。目前对48fps还有一定的争论，但是48fps已经成为未来电影技术的一个潜在发展方向。

1.4 人眼视觉与伽马

1.4.1 人眼对亮度的反应

人眼对亮度适应性非常强，人眼能够辨别的最小亮度与最大亮度相差10亿倍，即10^9。瞳孔的大小可以控制射入视网膜上光线的强弱，成年人瞳孔直径的变化范围为2至8毫米，相当于4级光圈，射入光线的强度相差16倍。

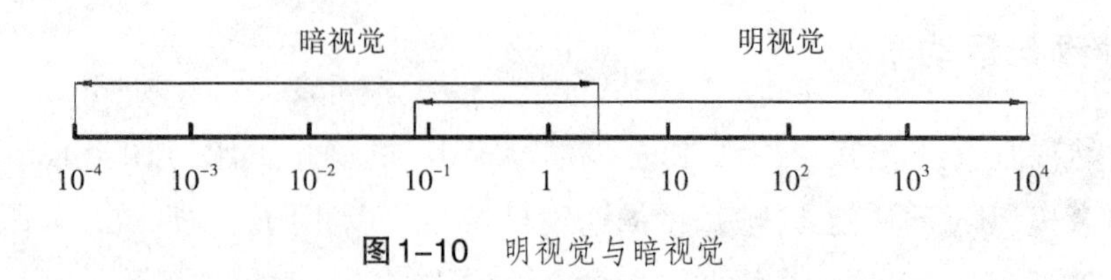

图1-10 明视觉与暗视觉

即使考虑到瞳孔的调节能力，视神经能够适应的亮度范围也在10^8倍左右。前文已经介绍过，视神经细胞分为杆状细胞和锥状细胞两种，杆状细胞主要负责暗视视觉，而锥状细胞负责明视视觉。两种视神经细胞所能感受到的亮度范围如图1-10所示，可见，明视视觉与暗视视觉在中等亮度区域有一定的交叉。

人眼对亮度的反应并非是线性的，比如在昏暗的房间内，我们看到的烛光是明亮的，而同样的烛光放在正午的阳光下，我们甚至连火苗都看不见，说明人眼对亮度变化的反应随着亮度的增加而减弱。人眼的这种特性近似于对数函数，如果用I表示亮度，人眼的反应用S表示，那么二者之间的关系为可以用对数公式表示为：

$$S=a \times \log I \qquad \text{（公式1.2）}$$

其中a为常数。

图1-11为人眼对亮度反应的特性曲线，该曲线符合公式1.2。图中横坐标为I，即线性表示的亮度，图中$\Delta I_0=\Delta I_1$，从图中可以看出，对于同样的亮度变化，人眼在暗部区域的反应ΔS_0要大于亮部区域的ΔS_1，这说明同样的亮度变化在暗环境下对人眼的刺激要大于亮环境下的刺激。

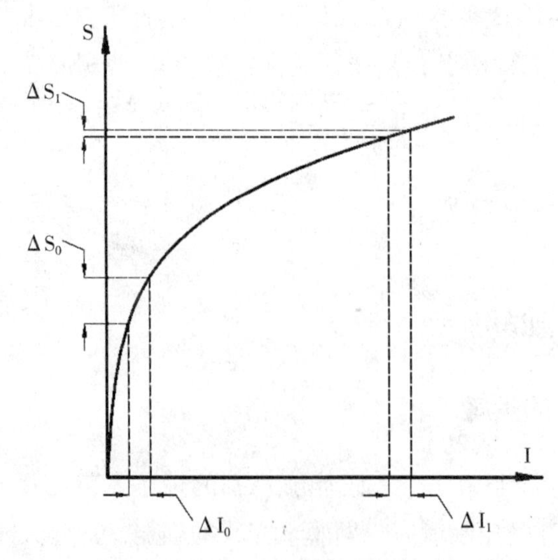

图1-11 人眼对亮度变化的反应

1.4.2 数字影像的位深

彩色数字影像一般由三个独立的通道组成，以RGB色彩空间为例，三个通道分别代表红、绿、蓝三种纯色，这三个通道最终混色形成千变万化的色彩。在印刷等领域，存在用三个以上通道描述色彩的方式，本书不做深入讨论。

数字影像的位深是指用来描述每一个通道色彩的二进制数的位数，一般用比特（bit）表示，例如最常见的8比特位深，每一个通道共有2^8=256种色彩，三个通道混色后共有2^{24}=16777216种色彩。显而易见，位深越高，数字影像所描述的色彩就越丰富、越细腻。图1–12中的黑白影像位深分别为8和2，显然，位深为8的影像对细节的表现更加丰富，而位深为2的影像具有明显的非均匀过渡。

图1–12　数字影像的位深

由于表述习惯不同，我们经常可以看到“每通道8比特”或“每像素24比特”等不同的表述方式，对于三通道数字影像，这两种表述方式的含义相同。

不同的标准对位深的要求也不同，例如数字电影倡导组织（Digital Cinema Initiatives，简称DCI）发布的《数字电影系统规范》要求符合DCI标准的数字电影母版每通道需具备12比特位深，而Sony的HDCAM格式每通道为8比特位深，Apple的ProRes可选8到12比特等多种位深。

1.4.3“编码100”问题

我们知道，人眼对亮度的反应是非线性的，并且近似符合对数规律，说明人眼对亮度变化的分辨能力与景物原有亮度以及环境亮度密切相关。例如，同样的烛光在环境亮度完全不同的情况下，人眼对其反应也不同。

实验表明，人眼对亮度变化的分辨能力是有限的，在均匀背景下，当景物亮度变化达到背景亮度的1%左右时，人眼才能察觉到亮度的变化。

换句话说，在对数字影像进行编码的过程中，所有相邻编码值所代表的亮度差必须小于1%才能保证数字影像均匀平滑，否则人眼将辨别出像素间的亮度突变，即看到所谓的“阶梯”现象。

假设我们采用8比特线性编码，所谓线性编码是指编码值与其代表的亮度线性对应，如图1–13所示，在0至256编码范围内，以100为界将编码范围分为两个区间：100以下区间和100以上区间。由于100以下区间编码值每增加1，其代表的亮度变化大于1%，所以100以下的编码值都是无效的，只有100以上的编码才符合人眼的特性，才能使人眼感觉到亮度的平滑过渡。而100以上的线性编码只能代表255/100=2.55倍的亮度范围，如此小的亮度范围显然不符合观众要求。

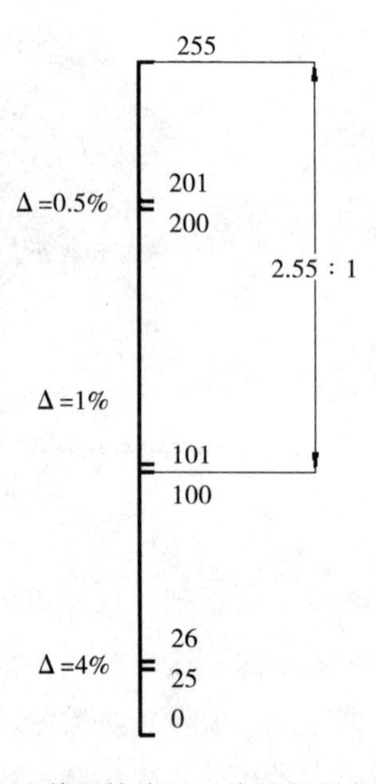

图1–13 8比特线性编码及其所代表的亮度变化

用增加位深的方法可以部分解决此问题。如图1–14示，12比特位深线性编码可以反映约40倍的亮度范围，但在实际应用中并没有使用此方法，首先40倍的亮度范围仍然不能满足观众的眼睛；其次，12比特位深大幅度提高了设备成本，在实际工作中难以大范围普及。

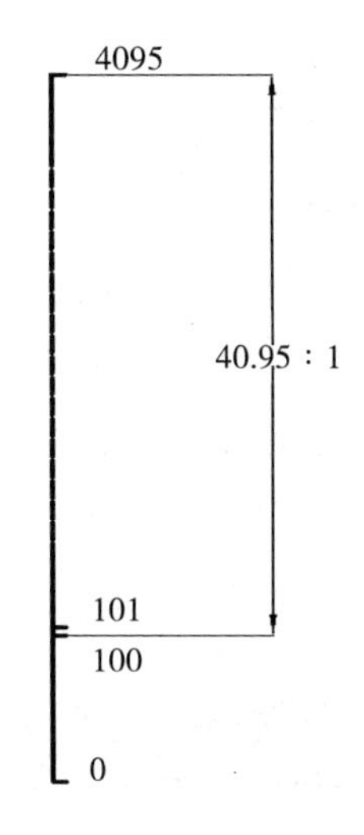

图1–14　12比特线性编码及其所代表的亮度变化

1.4.4 非线性编码与伽马

基于以上分析，必须找到一种即符合人眼视觉特性，又不必增加位深的编码手段，于是非线性编码成为必然的选择。伽马校正是一种最重要的非线性编码方式，绝大多数数字视频编码均采用伽马方式。

设编码值为C，亮度为I，二者的关系为：

$$C = I^{1/\gamma} \qquad （公式1.3）$$

公式中 γ 为常数，因不同系统而异，例如我国高清晰度电视标准规定 γ 为2.5。

从图1–15可以看到，由于采用非线性的伽马编码方式，在暗部区域，单位编码

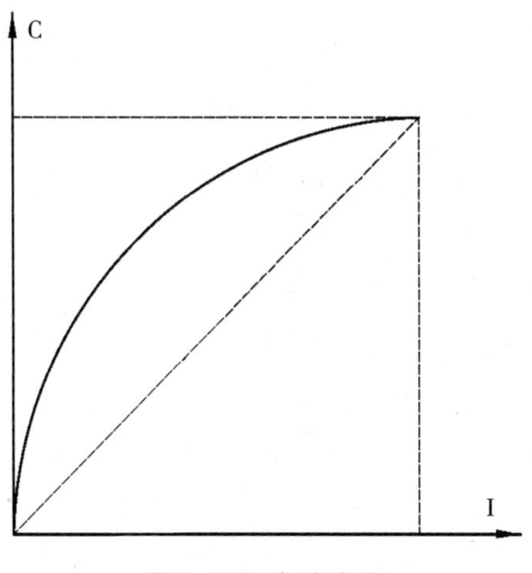

图1–15　伽马曲线

值所代表的亮度变化较小，而在亮部区域，单位编码值所代表的亮度变化较大。这种非线性的编码方式与人眼的非线性特点相近，即对暗部亮度变化的分辨能力强于亮部。

采用伽马编码方式后，“编码100”问题得以有效解决，所有8比特编码值均能得到有效的利用。同时从理论上讲，采用伽马方式的8比特编码方式所能够反映的亮度范围可达到100万倍以上，远远大于12比特线性编码方式。

图1-16为8比特的线性编码与带2.2伽马的非线性编码示意图，从图中能够明显看出，随着码值的上升，线性编码方式暗部区域亮度变化非常快，会造成影调变化不连续的“阶梯”现象。

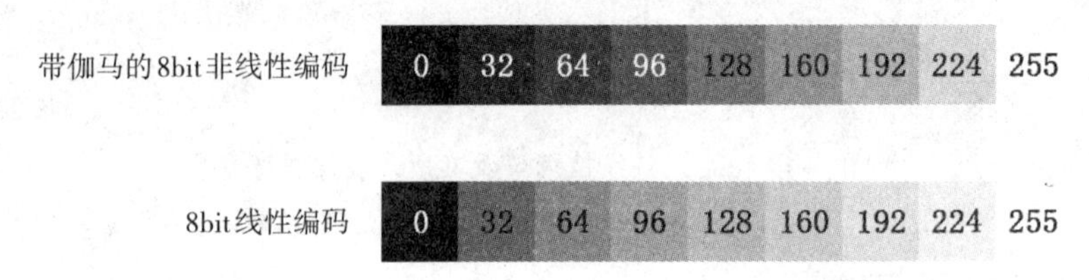

图1-16 8比特的线性编码与2.2伽马编码示意图参考

值得注意的是，伽马概念并不只存在于数字视频领域，实际上伽马早已在模拟视频领域广泛应用，伽马的作用也不仅限于本节所述内容，更深入的分析请详见本书第十一章。

1.5 图像的结构

1.5.1 像　素

数字图像由众多像素组成，像素是组成数字图像的基本单位。许多人认为像素之间是独立的，没有重叠，而且每一个像素内部亮度及色彩也是均匀的，持这种看法的人认为数字图像由无数正方形或矩形色块组成，只要分辨率足够大，也就是像素数目足够多，数字图像在显示的时候就具备了足够的清晰度。此观点并没有明显错误，但是如果我们研究得深入一些，问题并不是这么简单。

在记录数字图像的过程中，每一个像素的亮度与色彩信息被独立记录下来，但是这些信息只是一些数字，它们仅代表了像素的亮度与色彩，并没有记录像素以何种方式显示。在不同显示方式下，数字图像所代表的相同信息会有不同的表现。

如图1-17示，a、b两图显示的是同样的数字图像，分辨率为16×20，a图像素之间没有重叠，而且每个像素内部都是均匀的；b图像素之间有一定程度的重叠，同时

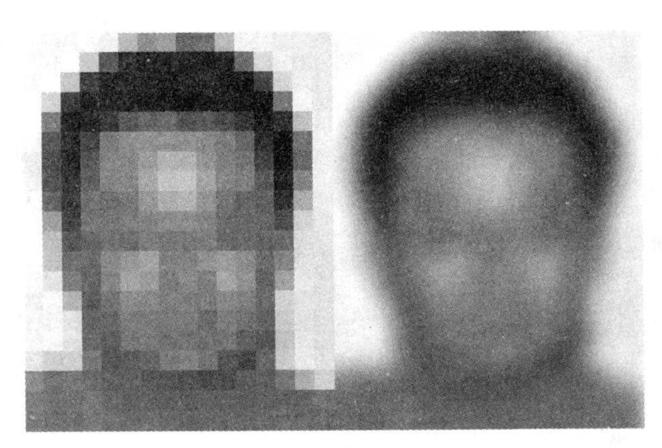

a 无重叠　　　　b 重叠

图1-17　像素的重叠

每个像素内部亮度从中间向四周呈正态分布逐渐衰减。有些读者能够从b图中辨认出这是作者的头像，但是没有人能够从a图中辨认出作者。由于两幅图像数据完全相同，这个例子说明数字图像像素的显示方式对图像的最终面貌具有很重要的影响。

同时，如果我们将锐度定义为图像内部物体边缘的对比度，此例也能够证明在同样分辨率的条件下，数字图像的锐度并不是越大越好，一定程度的“模糊”反而能够更加真实地还原景物。

像素之间的重叠与像素内部的亮度衰减对于运动表现也同样具有积极作用，一定程度的重叠与衰减有助于消除运动物体边缘的抖动，使运动看上去更加平滑和自然。

1.5.2 尼奎斯特定律与混叠

哈里·尼奎斯特（Harry Nyquist，美国物理学家，1889—1976）在1914年发表了一篇著名的论文，论文提出采样频率必须大于原始信号最高频率的两倍，才能完整地还原原始信号，这就是著名的尼奎斯特定律。尼奎斯特的理论在当时论证的是模拟信号，在数字信号领域也同样适用。

这里举个例子来说明尼奎斯特定律的含义。假设用数字摄影机拍摄水平条纹的测试卡，测试卡上有500条黑色线，条纹的间隔一致、粗细均匀，那么根据尼奎斯特定律，数字摄影机的垂直分辨率必须至少为1000线，才能将测试卡上的500条水平线完整地表现出来，否则将出现“混叠”现象。

所谓混叠，即高于采样频率一半的高频信号被映射到信号的低频部分，与原有低频信号叠加，对信号的完整性和准确性产生影响。

图1-18为混叠效果示意图，图中规律分布圆点的黑色矩形代表感光器件，其中

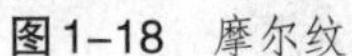

图1–18 摩尔纹

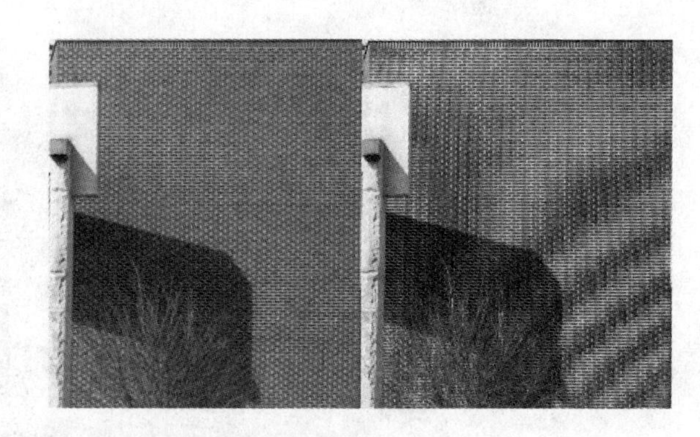

图1–19 混叠

的白色圆点代表采样点，呈一定角度倾斜的黑色条纹代表被采样的图像，在两者的叠加部分，可以清晰地看到数条较粗的条纹，这些条纹称为摩尔纹，摩尔纹在原始图像中并不存在，为混叠的产物。

经常使用数字摄影机的摄影师大多遇到过此类混叠现象，特别是对于运动画面，混叠条纹会有规律地移动，在画面上形成明显的瑕疵，视觉上非常醒目。所以在拍摄过程中应尽量避免拍摄百叶窗、大面积的楼梯等呈规律变化的物体，如果必须拍摄，则尽量使这些物体的景别大一些，使其频率低于尼奎斯特频率。图1–19为产生了混叠现象的画面。

在视频信号处理过程中，有两种方法可以消除混叠现象。一是直接提高采样频率，以获得更高的尼奎斯特频率，但是采样频率不能无限提高；二是在采样频率固定的情况下，可通过低通滤波器消除大于尼奎斯特频率的高频信号，从而消除混叠现象。

第2章 色彩科学

掌握视频技术，必须了解一定的色彩科学基础知识。本章重点介绍色彩属性、光的基础知识以及色度学基础知识。

色彩科学是在大规模工业化基础上发展起来的，其目的是对色彩进行精确描述与分析。在手工业时代，产品由手工制作完成，对产品色彩一致性的要求并不是很高，进入工业化时代之后，其要求变得非常严格，必须提出一套现实可行的色彩描述系统，用于对色彩进行精确描述，才能满足工业时代对产品色彩精确控制的要求。进入信息化时代，人们对色彩的研究则更加深入，色彩科学的成果直接服务于视频技术、图像处理等领域，色彩科学成为视觉信息技术的重要基础。

2.1 色彩三要素与色立体

2.1.1 色彩三要素

色彩三要素包括色相、饱和度以及明度。这三个要素综合起来可以描述人眼看到的任何一种色光。其中色相又称为色调，英文为hue，简写为H；饱和度又称为纯度，英文为saturation，简写为S；明度又称为亮度，英文为value，简写为V。

明 度

色光的亮度称为明度，是指色光作用于人眼时引起的明亮程度的感觉。一般认为色光的强度越高其明度就越高。明度与色光的色相也具有一定的关系，比如对于同等强度的绿色光和紫色光，人眼会认为绿色光比紫色光明亮。

色　相

色相反映的是色光的色彩，通常讲的红色、绿色和蓝色等指的就是色相。色相由色光的光谱分布决定。在可见光范围内，波长最长的是红色，波长最短的是紫色。反射物体的色相由物体的反射特性以及光源的性质共同决定。

饱和度

饱和度指色光色彩的纯度。对于同样色相的色彩，饱和度越高，说明该色彩越纯，含有其他色彩的成分越少，比如我们平时讲的“大红大绿”，就表示饱和度比较高的色彩。相反，饱和度越低的色彩含其他色彩的成分越高，我们称饱和度为零的色彩为中性色，不具有任何色相，这类色彩就是灰色。

2.1.2 色立体

如果在三维空间中表示明度、色相和饱和度这三个色彩的基本要素，我们可以得到一个近似球形，这个球形称为色立体。色立体是将色彩进行标准化度量的一种手段。色立体的种类很多，比较常用的色立体为孟塞尔（Munsell）色立体，如图2-1所示。

孟塞尔色立体是由美国教育家、色彩学家、美术家孟塞尔（A. H. Munsell）定义

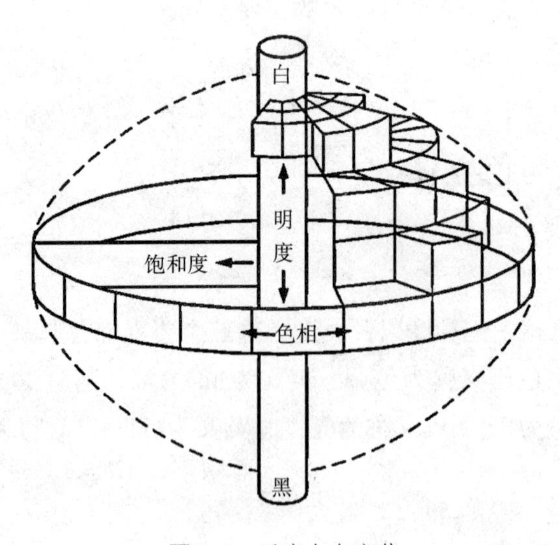

图2-1　孟塞尔色立体

的以色彩三要素为基础的色彩表示法。孟塞尔色立体近似为球形，色立体主轴代表明度，越接近球体顶端明度越高，反之明度则越低；垂直于主轴的径向方向代表色彩饱和度，距离主轴越远饱和度越高，反之饱和度则越低；圆周方向代表不同的色相。孟塞尔色立体采用的是极坐标，主要是为了便于更加直观地表示三要素之间的相互关系，使色彩分布一目了然。

孟塞尔色立体赋予每个色彩要素以一套编码，其中色相以红（R）、黄（Y）、绿（G）、蓝（B）、紫（P）5色为基础，再加上它们的中间色相：橙（YR）、黄绿（GY）、蓝绿（DG）、蓝紫（PB）、红紫（RP）成为10种色相，排列顺序为顺时针。再把每一个色相细分为10等份，总数为100。各色相中央第5号为其代表，如：5R为红，5YB为橙，5Y为黄等。在色相环上相对的两色相为互补色的关系。

主轴代表无彩色的灰度系列的明度等级，称为明度值，明度最低的黑色在底部，明度最高的白色在顶部。最亮的白色的明度值定为10，最暗的黑色定为0，一共11个等级，这11个等级在视觉上是均匀的。

距离主轴的水平距离代表饱和度，饱和度也被分成许多视觉上相等的等级。主轴上的中性色彩度为0，离开主轴愈远，饱和度数值愈大，图2–2为孟塞尔色立体刨面图。

色立体是较早用数字表示色彩的一种方法，色立体系统出现以后，在生产过程中人们不再用“深红”“鲜红”等无法标准化的词语来描述色彩，取而代之的是色立体的科学描述系统。譬如在孟塞尔色立体中，“5P 7/4”表示色相为编号5的紫色，明度为7，饱和度为4。有了这套色彩描述方法之后，在工业生产中对色彩的描述就进入了标准化时代，但是色立体能够描述的色彩数量最多不过数千种，远远小于人眼所能够分辨的色彩数量，而且色立体对色彩的描述方法也不便于对色彩的计算与处理，必须建立更加科学和更加精确的色彩描述体系才能满足信息时代的需求。

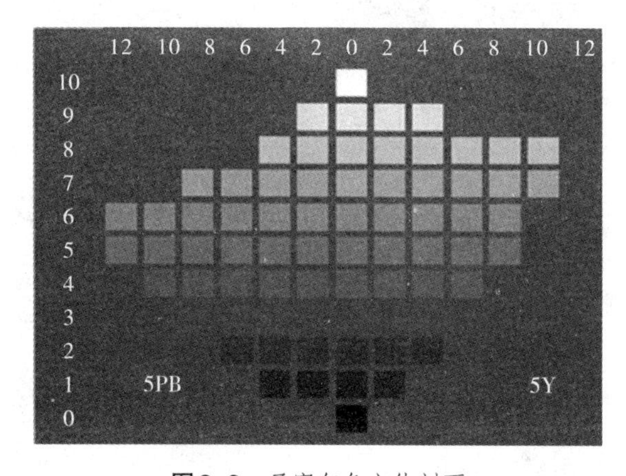

图2–2 孟塞尔色立体剖面

2.2 光的基础知识

色彩由光产生，是人眼的一种感觉，研究色彩科学，必须对光的本质有所了解，本节重点介绍关于光的相关知识。

2.2.1 光 谱

光的本质是一种电磁波，在我们生活的环境中，充斥着各种各样的电磁波，这些电磁波有人造的，也有自然界中产生的。电磁波根据频率不同可分为多种类型：无线电波、红外线、可见光、X射线以及宇宙射线等等，如图2–3所示。

人眼能够看见的那一部分电磁波称为可见光，可见光在电磁波谱中只占很小的一部分。既然可见光是一种波，那么必然具有波长、频率和振幅等重要属性。光的传播速度是已知的最快速度，任何物体的运动速度都不可能超过光速，光速约为30万千米/秒，光的频率与波长的乘积等于光速。可见光是一种波长极短的电磁波，一般认为波长在380nm至780nm之间的光波为可见的，其频率达到10^{14}Hz这个数量级。

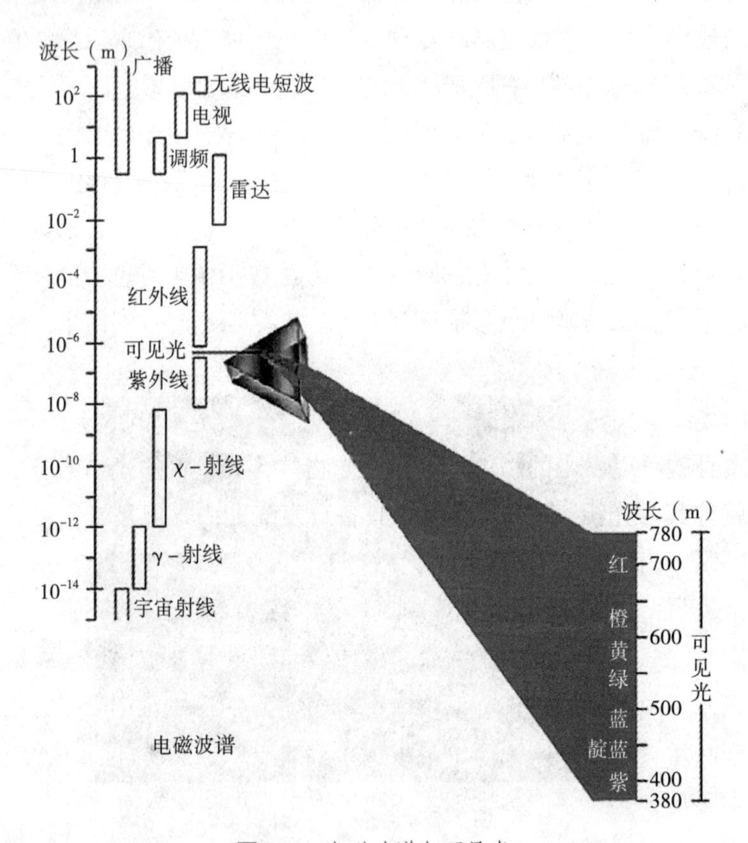

图2–3 电磁波谱与可见光

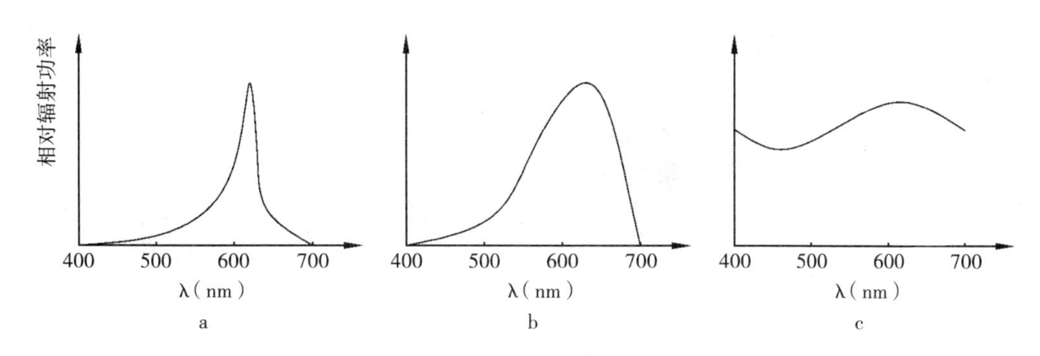

图2-4　光谱分布与饱和度

色相由色光的波长决定。在380nm至780nm波长范围内，根据波长的不同，可见光呈现出不同的色彩。随着波长的缩短，呈现的色彩依次为:红、橙、黄、绿、青、蓝、紫。

只含单一波长成分的光称为单色光；含有两种或两种以上波长成分的光称为复合光。实际上没有绝对意义上的单色光，单色光只存在于理论中。

图2-4为三种色光光谱分布示意图，a图中色光的光谱分布范围最窄，其饱和度也最高；b图中色光的光谱分布范围比a的广一些，其饱和度比a低；而c图中色光的光谱分布范围最广，饱和度也是三种色光中最低的。可见，色光的饱和度由光谱分布情况决定，光谱分布范围越广，饱和度越低，反之，饱和度则越高。不同色相的色光作用于人眼会产生不同明度的感受，明度同时在很大程度上受光强度影响，光强度越强，明度越高，反之明度则越弱。

2.2.2 物体的色彩

我们能够看见某一个物体，一定是因为从这个物体出发的光线进入了我们的眼睛。从物体出发的光线有两种，一是物体本身就可以发光，比如太阳、点燃的蜡烛和日光灯等，这类本身就可以发光的物体称为自发光物体，如果自发光物体被用作照亮其他物体，我们就称其为光源；另一类物体不具备自发光能力，但是它们可以反射照射在自身表面的光线，我们将这类物体称作反射体。

反射体的色相由物体表面的反射性质以及光源的光谱成分共同决定。当光线照射在反射体表面时，其中一部分能量被反射体吸收，另一部分被反射出来，被反射出来的光的光谱成分就是我们看到的物体的颜色。由于不同物体对不同波长光线的反射能力不同，在相同光源下，不同物体所呈现的色彩也不同。

如图2-5所示，在白光光源照射下，红色苹果表面对波长较长的红色光吸收的较少，反射的较多，而对波长较短的蓝紫光吸收的较多，反射的较少，所以苹果最终呈

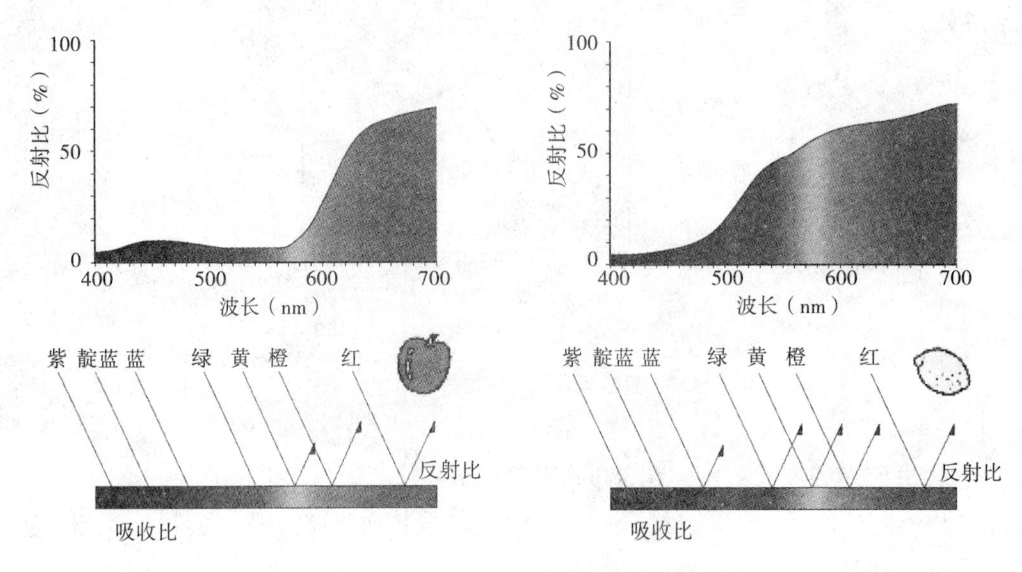

图2–5 不同物体对不同波长光线的反射

现出红色；在同样光源的照射下，黄色柠檬表面对黄色色光吸收的较少，反射的较多，所以柠檬最终呈现出黄色。

2.2.3 色 温

被我们统称为“白光”的光源光谱成分并不相同，有些白光偏冷，比如日光灯发出的光，有些白光偏暖，比如钨丝灯发出的光。这些“白光”照射在同样的物体上，所呈现的色彩也不相同。这就引入了色温概念，用以对各种白光进行比较。

所有的物体都会不停地吸收、辐射电磁波，物体在吸收电磁波的过程中将辐射能转化为热能，物体在辐射电磁波的过程中将热能转化为辐射能，辐射电磁波的频谱由物体温度以及所吸收的电磁波共同决定。假设我们具有一个理想的物体，对这个物体加热时，它将以电磁波的形式向外辐射能量，但是它并不能吸收辐射能，所以它的辐射频谱只与温度相关，我们称这种理想物体为黑体，如图2–6所示。

随着黑体温度的增加，其辐射的能量也不断增大，同时，电磁波谱线的最大值向短波方向移动，所以，其辐射出的可见光会向蓝紫色变化，而当黑体温度降低的时候，其辐射出的可见光向红色变化。为了区分不同光源的光谱分布与色彩，可以用黑体的温度对其进行描述，当某一光源的光谱与黑体在特定温度下的辐射光谱具有相同性质的时候，则黑体的这个特定温度就是该光源的色温。色温的单位是K（开尔文，Kelvin）。例如，一个钨丝灯发出的白光光谱与2800K理想黑体所发出的光谱一致，那么就称这盏钨丝灯的色温为2800K。

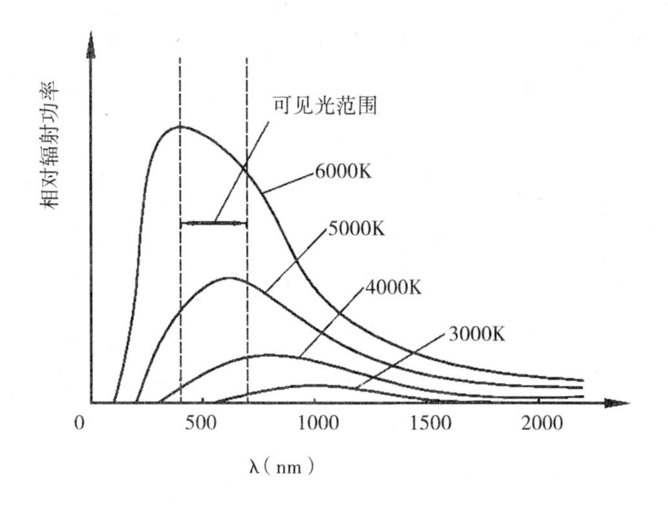

图2-6 黑体在不同温度时的辐射功率波谱

各种光源的色温差别是千变万化的，比如，日出时直射阳光的平均色温只有2000K；中午时直射阳光的平均色温约为5000K左右；而晴天天空的色温可以达到9000K-25000K这个范围。再如，火柴的火焰的色温只有1700K左右；不同功率钨丝灯的色温从2500K-3200K范围内变化；而摄影中使用的金属卤化物灯的色温为5600K。

2.2.4 标准光源

太阳是世界上最大的光源，它的辐射波谱范围很广。由于太阳光到达地表的过程中要穿过大气层，其光谱成分随照射角度、大气状态等因素变化，所以太阳光是一种不稳定的光源，影响太阳光色温的因素非常多。而在对物体色彩进行分析研究的过程中，要求使用统一、恒定的光源，所以国际照明组织（CIE，Commission Internationale de L'Eclairage）从1931年开始就陆续规定了一系列的标准光源（standard illuminant）用于科学计算以及色彩分析。

标准光源主要有以下几种：

标准A光源：模拟钨丝灯发出的色温为2856K的白光。在可见光谱范围内，其光谱能量主要集中在长波区域内，所以A光源是一种偏橙红色的白光，也是一种低色温光。

标准B光源和标准C光源：B光源模拟的是正午的直射阳光，色温为4874K；C光源模拟白天自然光的平均状态，是阳光和“天光”（大气折射、反射产生的光）的混合光，由于天光的色温极高，所以C光源的色温高于B光源，为6774K。

以上三种光源都是国际照明组织在1931年制定的，随着研究水平的不断发展，在1967年，国际照明组织又采纳各方面的成果，制定了D光源。D光源比B、C光源更加接近于自然光。

标准D_{65}光源相关色温为6504K，更加接近于白天的自然光照。在波长400nm以下范围，D_{65}光谱能量比B、C光源都要大，使得被照射物体所呈现的色彩更接近于自然光照射下的色彩。同时，CRT显示器所显示的白光也与D_{65}光源接近，所以D_{65}光源经常被用作电子显示设备的标准。

标准E光源是色度学中采用的一种假想的等能白光，即在可见光谱范围内所有波长的能量均相等，这是一种简化光源的做法，其目的是为了便于计算，在现实世界中没有类似的光源，E光源的色温接近于5500K。

图2-7为标准光源A、C和D_{65}的光谱能量分布图。

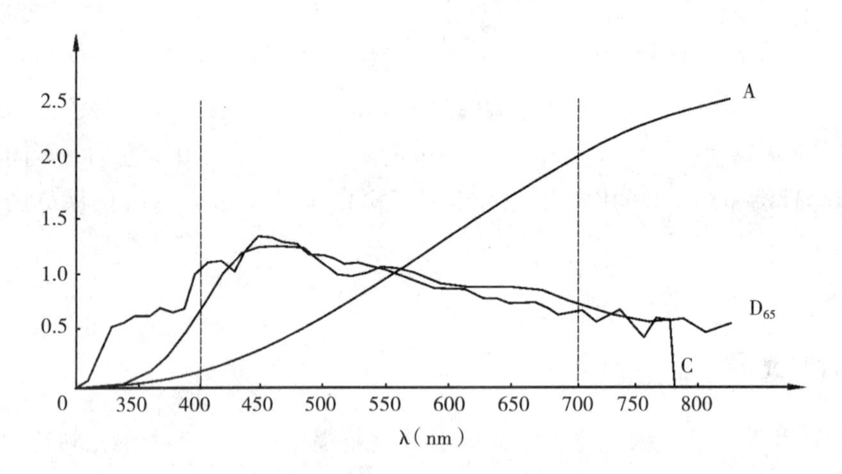

图2-7 标准光源A、C和D_{65}的光谱能量分布

2.3 三基色与色度图

描述一种色光最精确的方法是将其光谱完整记录下来，同样，还原一种色光最精确的方法是按照其光谱分布进行，在现实中这都是难以实现的。目前，普通的分光光度计在分析光谱时可以每隔5nm进行一次采样，最终由80个左右的数字描述一种色光。这在科学实验分析中是可行的，但是对于视频图像处理来讲，这个数据量显然是太大了。同样，在图像显示过程中也没有办法使用众多不同波长光源来混合出一种色彩。

不同波长单色光对人眼产生的色彩感觉一定是不同的，比如波长为700nm的单色光呈现红色，而波长为400nm的单色光呈现紫色。但是相同色彩感觉却可以来源于不同的光谱成分，比如日光为一种连续光谱，呈现为白色，但是也可以用红、绿、蓝三种不同波长单色光以适当比例混合成白光，而且混合而成的白光与日光给人眼带来的色彩感觉是相同的。实际上，几乎所有自然界中的色光都可以用三种基本色彩混合而成，这就是三基色原理。

人眼的色彩感觉由视网膜上的锥状细胞产生，锥状细胞分为三种类型：第一种对波长较长的光更为敏感，其光谱效率曲线在可见光谱的黄绿区域（564nm–580nm）达到最大值，由于在三种锥状细胞中其敏感区域更靠近于红色，所以我们称之为感红细胞；第二种对中等波长的可见光较为敏感，其光谱效率曲线在绿色区域（534nm–545nm）达到最大值，称为感绿细胞；第三种对波长较短的光敏感，其光谱效率曲线在可见光谱的蓝色区域（420nm–440nm）达到最大值，称为感蓝细胞。通过这三种不同的锥状细胞，大脑可产生全部色彩感觉。

某种单色光可以对一种或多种锥状细胞产生刺激，例如550nm的黄绿光可同时对感红细胞和感绿细胞产生作用，而当530nm的绿光和580nm的黄光以某种比例混合时，可以产生与550nm黄绿光相同的色彩感觉。所以，对于不同光谱成分的色光，只要对三种锥状细胞产生的刺激相同，就可以形成完全相同的色彩感觉，所以几乎所有色彩都可以由三种基本色彩混合形成。

2.3.1 RGB计色制

根据三基色原理可以配出各种不同的色彩，如何确定三个基色成为首先要解决的问题。实际上，三基色的选择有多种方法，也是在不断地实践摸索中逐渐发展的。在1931年，国际照明委员会规定三基色分别为：700nm的红色光，546nm的绿色光和435nm的蓝色光。

三基色的波长确定之后，接下来要确定三个基色的单位，这个工作由配色实验完成。如图2–8，在配色实验中有两块互成直角的屏幕，屏幕对各个波长的可见光的反射率都接近100%，可以近似认为入射光与反射光完全相同。两块屏幕使人眼的视场分为两等份，在左半视场屏幕上投射待配彩色光，在右半屏幕上投射红、绿、蓝三基色光，调节三基色光的强度使得视场内左右两屏幕的色彩完全一致，这时从调节器上就可以得出红、绿、蓝三基色的混合比例。

为了确定三基色的单位，我们设定单位三基色光混合后可以产生标准等能白光$E_{白}$，实验表明，配出等能白光的红、绿、蓝基色单位强度之比约为1∶4.59∶0.06。

确定了三基色的单位之后，我们就可以通过调整三基色各自的比例混合出任意色彩。国际照明组织在1931年做出规定，在明视觉与2°观察视角的条件下，混合出单

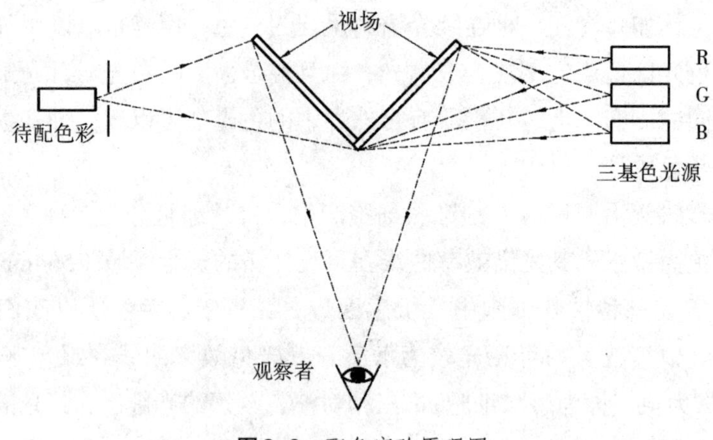

图2-8 配色实验原理图

位辐射功率、波长为 λ 的单色光所需的三基色光的单位数量称为分布色系数。据此绘制的曲线称为混色曲线，如图2-9所示。

其中红色曲线出现了负数，负数说明在配色实验中在待配色彩一方增加红色光。在RGB混色曲线中三条曲线所包含的面积是相等的。当R=G=B时，混合出等能白光$E_白$。

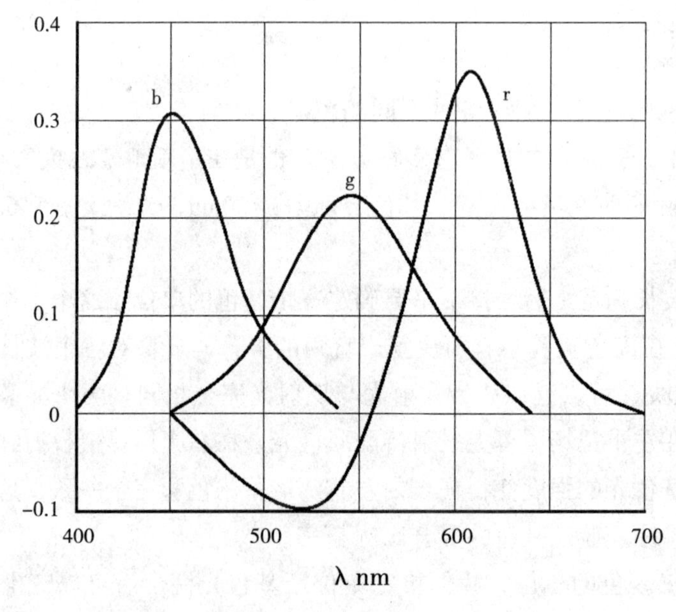

图2-9 CIERGB混色曲线

2.3.2 XYZ计色制与CIE色度图

RGB计色制采用物理三基色，物理意义清晰便于理解，但是在进行色度学分析时会造成一定问题。首先，RGB计色制不能清晰地体现亮度信息；其次，混色曲线中存在负值，容易出现错误。为了消除以上问题，国际照明组织制定了XYZ计色制。

XYZ计色制必须满足以下三个条件以消除RGB计色制存在的问题：

（1）三基色的色系数永远为正。

（2）XYZ三基色混合成的色彩的亮度仅由Y一个基色代表，另外两个基色X、Z不包含亮度信息，XYZ三基色混合成色光的色彩信息由X、Y、Z的相对比例决定。

（3）与RGB计色制相同，当X=Y=Z时，混合出等能白光$E_{白}$。

XYZ制混色曲线如图2-10。

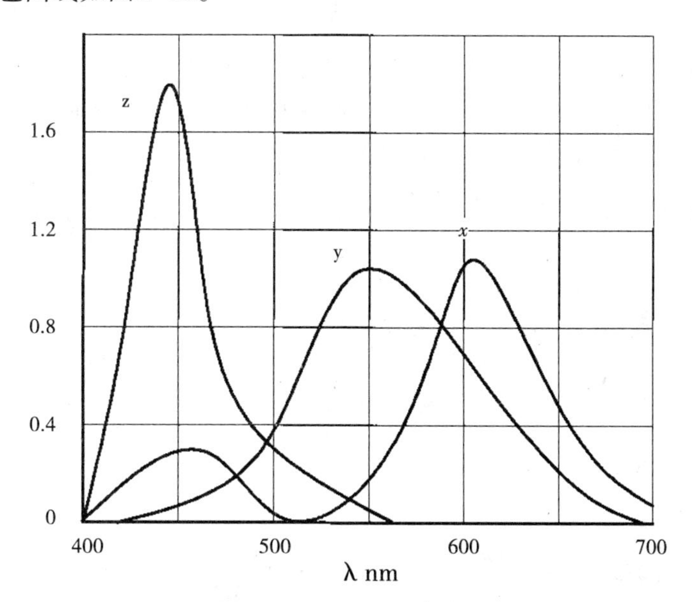

图2-10　CIEXYZ混色曲线

XYZ并没有实际的物理意义，与RGB不同，XYZ并不是真实存在的基色，也就是虚基色。CIEXYZ所能够描述的色彩要比CIERGB多，即：CIERGB是CIEXYZ的子集。

由于XYZ三基色混合成色光的色度由X、Y、Z的相对比例决定，设：

$$x=\frac{X}{X+Y+Z}$$

$$y=\frac{Y}{X+Y+Z}$$

$$z=\frac{Z}{X+Y+Z} \quad （公式2.1）$$

显然：

$$x+y+z=1 \quad \text{（公式2.2）}$$

这里x、y、z称为XYZ计色制的色度坐标或相对色系数。

由公式2.2得出，x、y、z色度坐标中有一项不是独立的，也就是x、y、z中已知两项就可以得到XYZ计色制的色度，所以XYZ计色制的色度值可以用x、y二维坐标表示，如图2-11，称之为XYZ色度图，也称为CIE色度图。

CIE色度图仅表示色彩的色度信息，不包含亮度信息。

在2.2.3节介绍色温概念时已经提到，黑体呈现的色温是随黑体温度的变化而变化的，每一个色温值都会在CIE色度图中找到一个坐标，所以如果黑体的温度连续变化，其色温变化在CIE色度图中也应是一条连续曲线，我们将这条曲线称为黑体曲线，这条曲线上的不同点代表了不同的色温。在图2-11中标明了黑体以及各种标准光源不同色温的位置。除去黑体和标准光源以外，并不是所有白光的色度坐标都位于黑体曲线之上，此时的色温等于白光的色度坐标距离黑体曲线上最近的点所代表的色温。

在CIE色度图中，可见光的色度分布呈马蹄形，在马蹄形内部，越靠近马蹄形

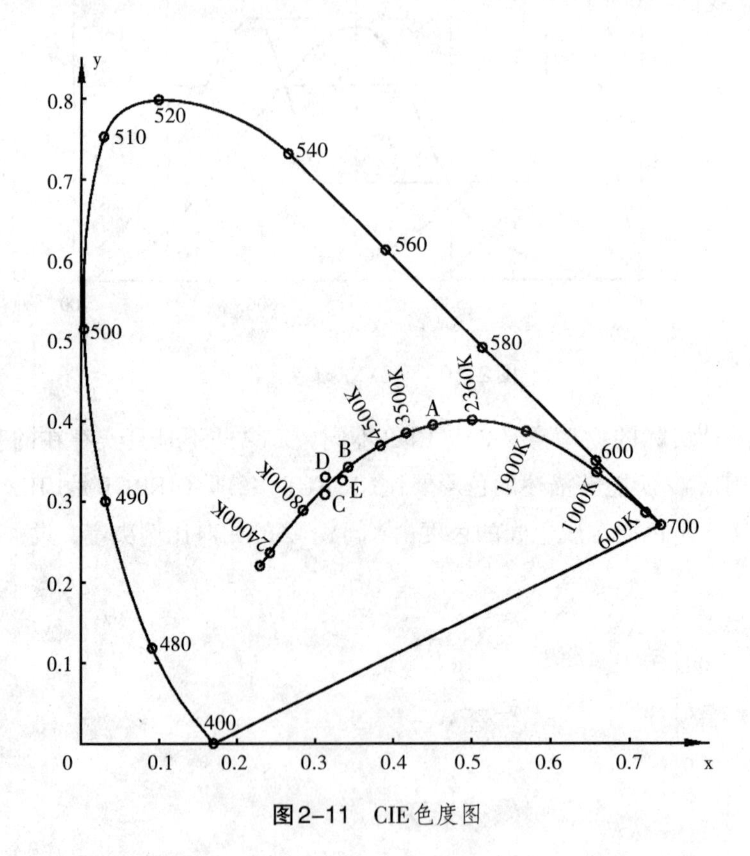

图2-11 CIE色度图

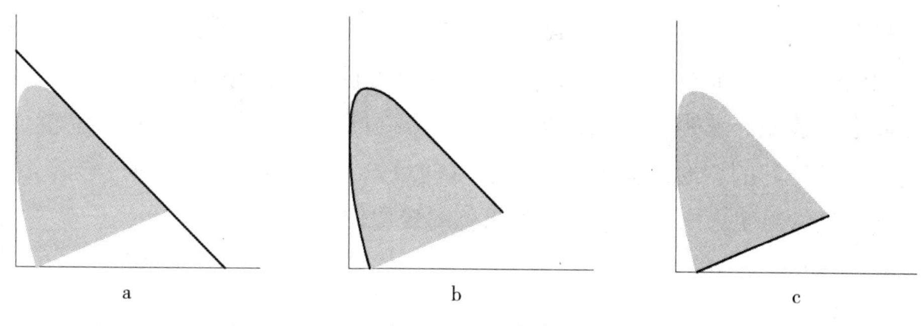

图2-12 CIE色度图中的特征线

边缘的坐标所代表的色彩饱和度越高，反之饱和度越低。图2-12a中的粗体直线符合$x+y=1$，代表可见光的马蹄形区域位于该直线与x、y坐标轴形成的三角形区域内。马蹄形左右两边的轮廓线代表了波长由380至700nm连续变化的单色光，如图2-12b。马蹄形的底边代表紫色，紫色并不是单色光，它由波长较长的红色光和波长较短的蓝色光混合而成，如图2-12c。

人眼分辨色彩变化的能力是有限的，而且随着色彩的变化，人眼对色彩的分辨能力也会随之变化。在CIE色度图中，如果人眼分辨不出某一点的色彩与周边某区域内的色彩差别，我们将此区域称为等色差域。图2-13为CIE色度图中的等色差域。

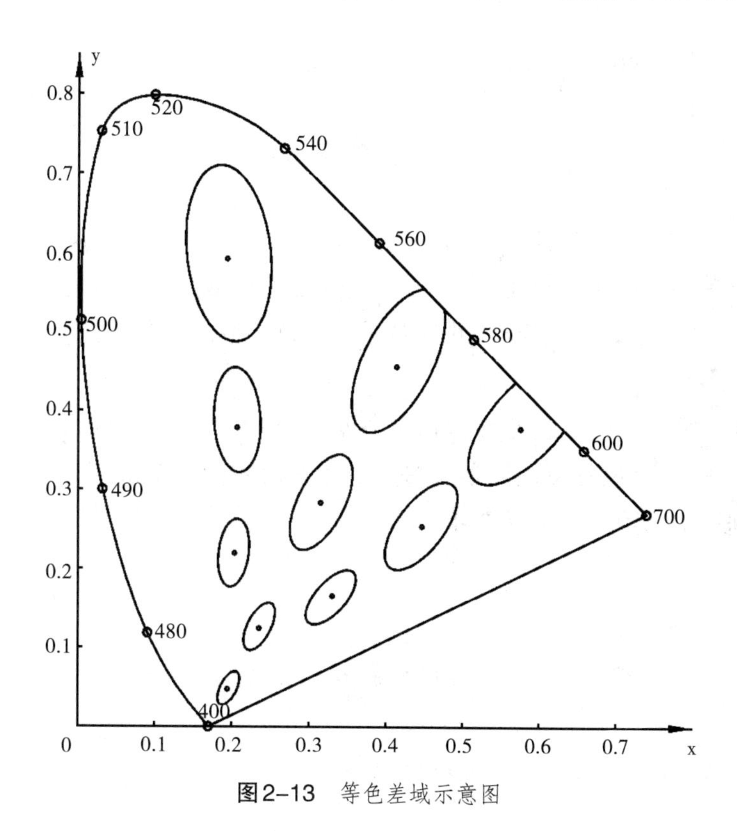

图2-13 等色差域示意图

由图2-13可知，等色差域在CIE色度图中呈现椭圆形，人眼认为椭圆内部各点的色彩是相同的，即人眼不能分辨椭圆内部各点之间的色差。值得注意的是，等色差域是椭圆而不是圆形，说明CIE色度图中任意两点之间的距离代表的人眼所感受到的色彩差别并不是均匀的。通过椭圆的大小和取向可以分析出人眼对不同色彩的分辨力。比如人眼对蓝色的变化比较敏感，而对绿色的变化较为迟钝。

2.4 视觉均匀的色彩空间

CIE色度图并不是视觉均匀的，在非视觉均匀的色彩空间下无法用数值衡量两种色彩之间差别，有些时候我们需要定义视觉均匀的色彩空间以对色彩进行比较。国际照明组织在1976年采纳了两种新的色彩系统，CIELUV和CIELAB，也记为CIE $L^*u^*v^*$和CIE $L^*a^*b^*$，这两种色彩系统都是近似视觉均匀的。

CIE $L^*u^*v^*$和CIE $L^*a^*b^*$都同样采用L^*代表亮度，我们在第一章讲过，人眼对亮度的反应是非线性的，所以L^*是一种非线性的亮度坐标，L^*与CIEXYZ中亮度Y的转换公式如下：

$$L^*=\begin{cases}903.3\dfrac{Y}{Y_n}; & \dfrac{Y}{Y_n}\leqslant 0.008856\\ 116\left(\dfrac{Y}{Y_n}\right)^{\frac{1}{3}}-16; & 0.008856<\dfrac{Y}{Y_n}\end{cases} \qquad \text{（公式2.3）}$$

其中Y_n代表参考白的亮度，即最大亮度，由公式2.3可以看出，在亮度极低的条件下，L^*与Y呈线性关系，其他情况下，L^*与Y呈幂函数关系，这是一种非线性关系，更符合人眼对亮度的反应，实际上视频技术中的伽马概念也是一种幂函数，详情请见第十一章。

公式2.3中的Y/Y_n的物理意义为相对亮度，CIE $L^*u^*v^*$和CIE $L^*a^*b^*$都是相对色彩系统，即必须知道该色彩系统的参考白点的色度值才能确定某一$L^*u^*v^*$或$L^*a^*b^*$所代表的确切色彩。L^*变化的范围为0–100。

设

$$u'=\frac{4X}{X+15Y+3Z}$$

$$v'=\frac{9Y}{X+15Y+3Z} \qquad \text{（公式2.4）}$$

得到

$$u^*=13L^*\left(u'-u'_n\right)$$
$$v^*=13L^*\left(v'-v'_n\right) \qquad （公式2.5）$$

其中u'_n和v'_n为

$$u'_n=\frac{4X_n}{X_n+15Y_n+3Z_n}$$
$$v'_n=\frac{9Y_n}{X_n+15Y_n+3Z_n} \qquad （公式2.6）$$

其中X_n、Y_n和Z_n为参考白点的三刺激值。

CIE $L^*u^*v^*$色彩系统的视觉均匀性要优于CIEXYZ，在CIE $L^*u^*v^*$色彩空间中，两种色彩的差别就是其空间距离，用公式2.7表示：

$$\Delta E^*_{uv}=\sqrt{\left(L^*_2-L^*_1\right)^2+\left(u^*_2-u^*_1\right)^2+\left(v^*_2-v^*_1\right)^2} \qquad （公式2.7）$$

ΔE^*_{uv}代表CIE $L^*u^*v^*$色彩空间中两种色彩之间的差别，即色差，如果ΔE^*_{uv}小于其单位值，人眼就不能够分辨此色差。人眼是一套非常复杂的系统，任何用数学模型建立的色彩系统都不可能绝对精确地反应人眼的色彩感觉，CIE $L^*u^*v^*$色彩空间也不例外，其视觉均匀性也是相对的。如果ΔE^*_{uv}在1–4之间，根据环境条件、亮度以及色相的不同，人眼可能分辨出其色差，也可能分辨不出来，如果大于4，人眼一般可以分辨出其色差。

如果X/X_n、Y/Y_n和Z/Z_n都大于0.008856，则a^*和b^*表示为：

$$a^*=500\left[\left(\frac{X}{X_n}\right)^{\frac{1}{3}}-\left(\frac{Y}{Y_n}\right)^{\frac{1}{3}}\right]$$
$$b^*=500\left[\left(\frac{Y}{Y_n}\right)^{\frac{1}{3}}-\left(\frac{Z}{Z_n}\right)^{\frac{1}{3}}\right] \qquad （公式2.8）$$

ΔE^*_{ab}代表CIE $L^*a^*b^*$色彩空间中两种色彩之间的色彩差别：

$$\Delta E^*_{ab}=\sqrt{\left(L^*_2-L^*_1\right)^2+\left(a^*_2-a^*_1\right)^2+\left(b^*_2-b^*_1\right)^2} \qquad （公式2.9）$$

图2–14为CIE $L^*a^*b^*$色彩空间示意图，从图中我们可以看出，CIE $L^*a^*b^*$在正交三维空间下是一个球体。

CIE $L^*u^*v^*$和CIE $L^*a^*b^*$色彩系统的视觉均匀性均大于CIEXYZ,在CIEXYZ空间下，代表同样色差的两点之间的距离最大可相差80倍，而CIE $L^*u^*v^*$和CIE $L^*a^*b^*$将这一

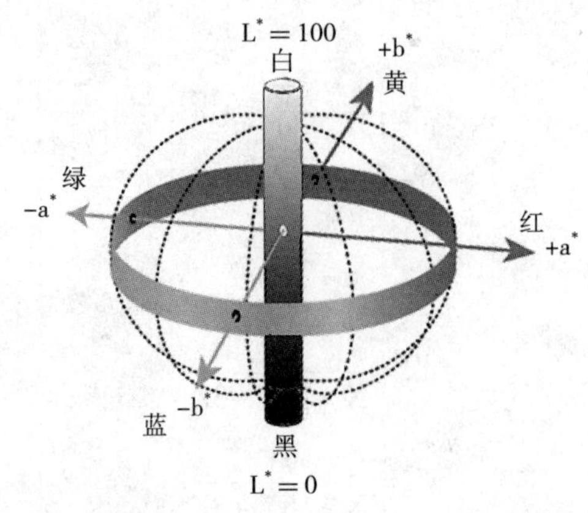

图2-14 CIE L*a*b*色彩空间

数值缩小到6倍。

CIE L*u*v*和CIE L*a*b*系统在色彩分析、色差比较等领域得到了广泛的应用，但是这两种系统由于计算相对较为复杂，并不能直接应用于视频工程领域。

2.5 视频技术中的三基色

经典色彩科学利用数学模型对色彩进行描述，其目的是为了精确地对色彩进行分析。但是经典色彩科学所建立的数学模型并不适合直接应用于视频领域。

能够成功应用于视频领域的色彩描述方法首先应该便于计算，其次所选基色系统应具备直观的物理意义并且便于显示。

显然上一节提到的CIE L*u*v*和CIE L*a*b*色彩系统计算过于复杂，而且其代表色彩信息的u*v*和a*b*分量并不具备直观的物理意义，比如，我们很难想象出u*增加某一数值后色彩是如何变化的。在数字图像处理技术中，可以发现类似HSV的基色系统，具有很明确的物理意义，但是找不到可以直接显示HSV三基色的显示设备。同样道理，虽然CIEXYZ系统是色彩科学的基础，并且具备便于计算的条件，但是前面已经讲过，XYZ三基色是根本就不存在的虚基色，不存在实际的物理意义，更不能直接显示。所以，排除了以上各种情况后，RGB三基色成为必然的选择。

2.5.1 色彩的重现

在2.3节我们讲述了如何将某种色彩分解成三基色，本节讲述其逆过程，三基色如何混合成某种色彩，即色彩的重现。

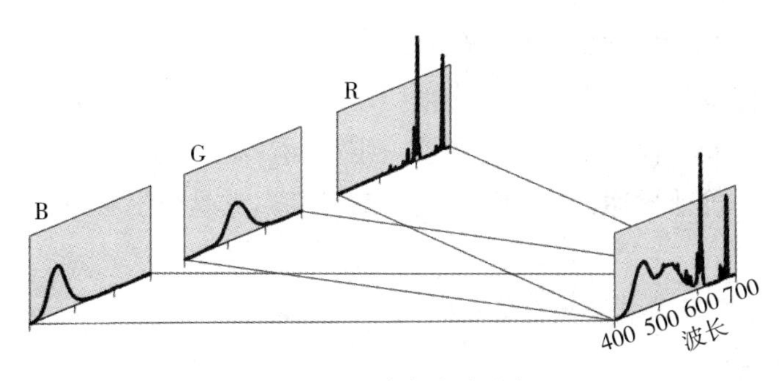

图2–15　单色光的叠加

将三种色光混合会产生一种新的色彩，那么，新的色彩到底呈现出何种面貌呢？最容易理解的方法就是将这三种色光的光谱简单叠加，如图2–15。

假设三种色光同时投射到视网膜，我们看到的混合光的光谱是三种色光叠加的结果，也就是混合后色光的光谱在任意极小波长范围内的能量是混合前三种色光在相应极小波长范围内能量的总和，这种混色方法叫做加色法。

同样，用三基色描述的色光也适用于加色法，即：混合后色光的三基色分别等于混合前色光各基色之和，可以用如下公式表示：

$$
\begin{aligned}
X_{混} &= X_1+X_2+\cdots X_n \\
Y_{混} &= Y_1+Y_2+\cdots Y_n \\
Z_{混} &= Z_1+Z_2+\cdots Z_n
\end{aligned}
\quad \text{（公式2.10）}
$$

公式中$X_{混}$、$Y_{混}$和$Z_{混}$是混合色光的CIEXYZ三基色。

加色法适用于色光的混合，绝大多数彩色电子显示设备均采用加色法混色原理。另一种混色原理为减色法，染料的混合符合减色法原理，各类印刷品以及电影胶片的混色原理就是减色法。混合后的染料对色光的吸收效果相互叠加，所以经染料作用的反射或投射光光谱为入射光光谱减去被吸收的那部分，减色法的混色结果不能直接用三基色计算得到。

CRT显示器采用的是加色法混色，但不是直接将色光混合，而是采用空间混色法，将能够发出红、绿、蓝三种色光的荧光粉以某种密度交替排列，利用人眼空间分辨率的限制实现加色混色，更为先进的DLP投影则采用了时间混色原理，详情见第十章。

2.5.2 RGB三基色

视频技术对色彩的描述建立在RGB三基色加色法的基础上，我们经常提到的RGB色彩系统，或者RGB色彩空间是一个非常笼统的表述方法。RGB色彩空间是一种相对色彩空间，如果仅知道RGB三基色的具体数值还不能够获得此数值代表的色彩。

RGB色彩空间的种类很多，常见的有CIERGB、sRGB、AdobeRGB、Rec.709等等。这些种类的色彩空间所代表的色彩范围不一定相同，必须确定其三基色和参考白点的具体色度值才能准确地描述某一色彩，而三基色和白点是根据某一特定设备类型或标准而制定的。

例如Rec.709是国际电信联盟（International Telecommunication Union，简称ITU）制定的高清电视标准，其对RGB三基色和白点的具体色度值做了明确规定，如表2-1：

表2-1 Rec.709中的三基色与白点

	R（红）	G（绿）	B（蓝）	W（白，D_{65}）
x	0.640	0.300	0.150	0.3127
y	0.330	0.600	0.060	0.3290
z	0.030	0.100	0.790	0.3582

图2-16是几种RGB色彩空间在CIE色度图中的色域范围，其中sRGB是惠普和微软在1996年联合制定的色彩空间，目前被众多个人电脑系统采用，实际上sRGB和Rec.709具有相同的基色和白点，在色度图中具有相同的色域范围。

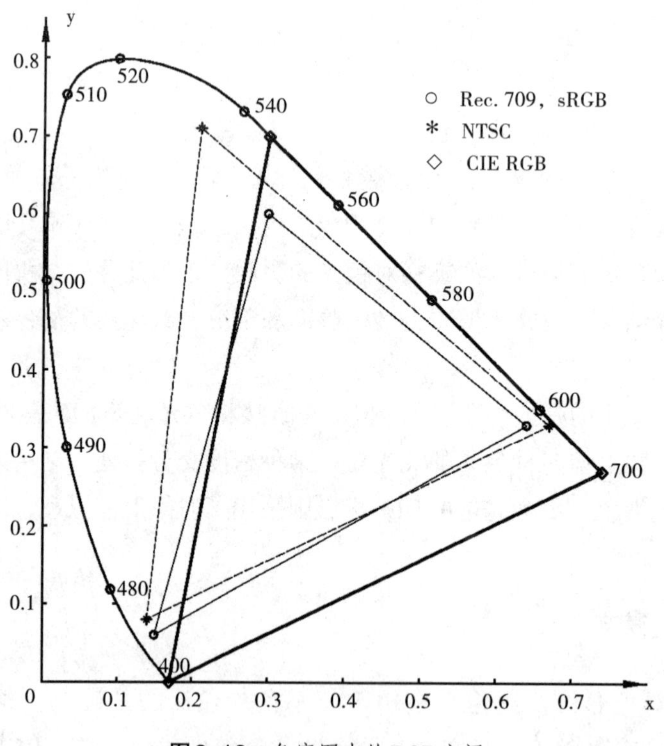

图2-16 色度图中的RGB空间

三基色和白点的色度值确定之后，就可以得到RGB与CIEXYZ之间的转换公式，如Rec.709与CIEXYZ之间的转换公式为：

$$X = 0.412R_{709}+0.358G_{709}+0.180B_{709}$$
$$Y = 0.213R_{709}+0.715G_{709}+0.072B_{709}$$
$$Z = 0.019R_{709}+0.119G_{709}+0.950B_{709} \quad \text{（公式2.11）}$$

从公式2.11可以知道，RGB色彩空间到CIEXYZ的转换是一种线性变换。当R=1，B=1且G=1的时候，可以通过2.3.2章节中的公式2.1和公式2.2求出Rec.709白点和RGB三基色的色度值。反过来，已知Rec.709的白点和RGB三基色的色度值，可以得到公式2.11。

不同的RGB系统之间也可以相互转换，其转换公式同样是三元一次方程组，这里不做深入讨论。

第3章 感光元件

视频图像的获取和重现过程本质上是光电之间相互转换的过程。在视频图像获取过程中，感光元件将光转换为电信号，在视频图像重现的过程中，显示设备将电信号转换为光。本章重点介绍各类感光元件的工作原理，第十章介绍各类电子显示设备的工作原理。

目前广泛使用的感光元件是CCD（charge-coupled device，电荷耦合元件）和CMOS（complementary metal oxide semiconductor，互补金属氧化物半导体），绝大多数数字电影摄影机或数字摄像机均使用这两种感光元件，这两种感光元件的工作原理是数字视频技术的重要内容。

数字视频技术普及之前，电视摄像机采用摄像管作为感光器件，虽然摄像管已经逐步退出历史舞台，但是了解其基本原理对我们全面掌握视频技术的发展具有重要意义，所以本章首先将对摄像管的工作原理做简要介绍。

3.1 摄像管工作原理

图3-1为摄像管内部结构示意图，摄像管内部主要分为光电靶和电子枪两大部分，管外还有控制电子束的偏转线圈。电子枪包括灯丝、阴极、控制栅极、加速极和聚焦极。光电靶由三层组成：第一层（靠近镜头的一层）为透明玻璃，其作用类似于胶片的片基；第二层为透明金属导电层，具有透光性能好、导电性能好等特点；第三层为光敏层，光敏层由具有光电效应的半导体材料组成，这种材料的导电性与照射在其表面的光强

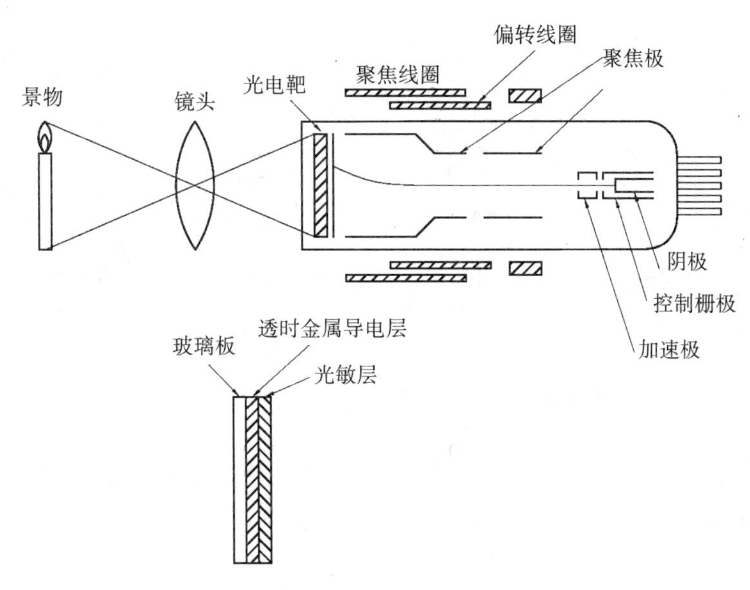

图3-1　电子管及光电靶结构原理示意图

度相关，当无光照射时，其电阻非常高，可认为是绝缘的，当光增大时，其电阻会降低，而且这种导电性能的变化只会出现在光电靶的深度方向上，并不向光电靶的其他方向扩散。

摄像管工作时，所摄景物通过镜头在光电靶上成像。由于光电靶上的玻璃层和金属导电层都是透明的，光敏层临近镜头一侧获得了“光像”。由电子枪发射的电子束在偏转线圈的控制下在光电靶上扫描，由于电子束的作用，光敏层被扫描的区域电位下降到阴极零电位，在靶上建立反向电场。当光学图像透过窗口玻璃和信号电极入射到光敏层上时，产生“电子—空穴”对，它们在反向电场作用下被分离，并分别到达靶面的两边。这样使得靶扫描面上电位升高，从而建立起与景物照度分布相对应的电位图像，即“电像”。当电子束再次扫描时，中和正电荷，靶面恢复零电位，同时从信号电极输出视频信号。

综上所述，光电靶首先将“光像”转换为“电像”，然后再将形成的“电像”以电信号的形式输出，从而完成光电转换。

3.2　CCD工作原理

3.2.1　电荷的积累

CCD是完成光电转换的重要器件，当景物通过镜头在CCD表面成像的时候，CCD

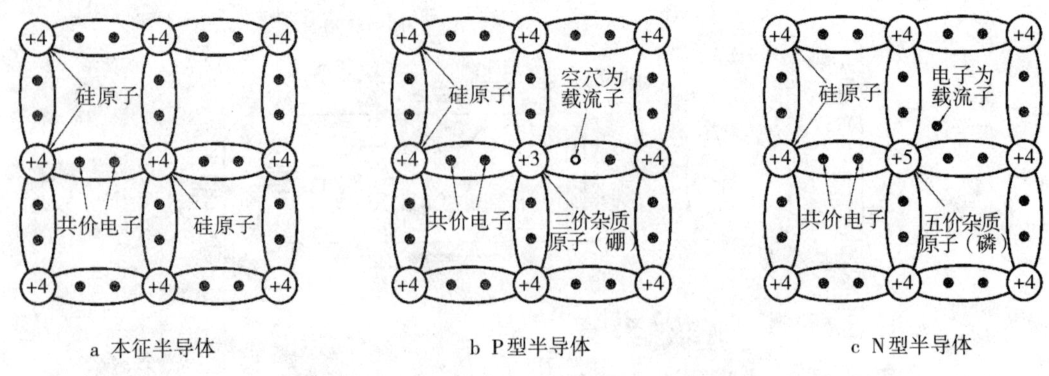

图3-2 本征半导体、P型半导体与N型半导体

内每一个“像素”都会在特定的“曝光时间”内积累与亮度相关的电荷，然后这些电荷会通过某种特定顺序转移，最终以电压的形式输出，数字摄影机的后续电路对CCD输出的信号进行放大、模数转换等处理。从某种意义上讲，CCD的工作过程就是电荷的积累与转移过程。另外，CCD内部的每一个像素都由光敏单元组成，光敏单元本身并不具备识别色彩的能力。不同CCD具有不同的分色方式，CCD的分色方式也是CCD工作原理中的重要内容。

在介绍CCD工作原理之前，我们首先简要了解一下半导体的相关知识。半导体是一种导电能力介于导体与绝缘体之间的物质。硅、锗是制作半导体的常用元素，它们是单晶体，外层电子层具有4个价电子，每个原子和相邻4个原子结合，每个原子的外层4个价电子分别与相邻4个原子的价电子形成稳定的共价键结构，如图3-2a。

当半导体被光线照射或者温度升高时，价电子获得足够能量就会挣脱共价键成为自由电子，自由电子带有一个单位的负电荷，自由电子原来的位置形成空穴，带一个单位的正电荷，这样就产生了“空穴—电子”对。我们将不存在杂质的半导体称为本征半导体，存在杂质的半导体分为P、N两类。P型半导体也称为空穴型半导体，即空穴浓度远大于自由电子浓度的杂质半导体。在纯净的硅晶体中掺入三价元素(如硼)，使之取代晶体中的硅原子，就形成了P型半导体。在P型半导体中，空穴为多子，自由电子为少子，主要靠空穴导电。如图3-2b。空穴主要由杂质原子提供，自由电子由光或热激发形成。掺入的杂质越多，空穴的浓度就越高，导电性能就越强。N型半导体与P型半导体相反，在硅晶体中掺入五价元素，自由电子为多子，空穴为少子，如图3-2c。

CCD的基本单元是MOS电容器,即金属氧化物半导体(metal-oxide-semiconductor)。这种电容器能存贮电荷，其结构如图3-3所示。以P型半导体为例，在P型硅衬底上通过氧化在表面形成SiO_2层，然后在SiO_2上淀积一层金属电极（栅极），P型硅中的多数载流子是带正电荷的空穴，少数载流子是带负电荷的电子，当金属电极上施加正

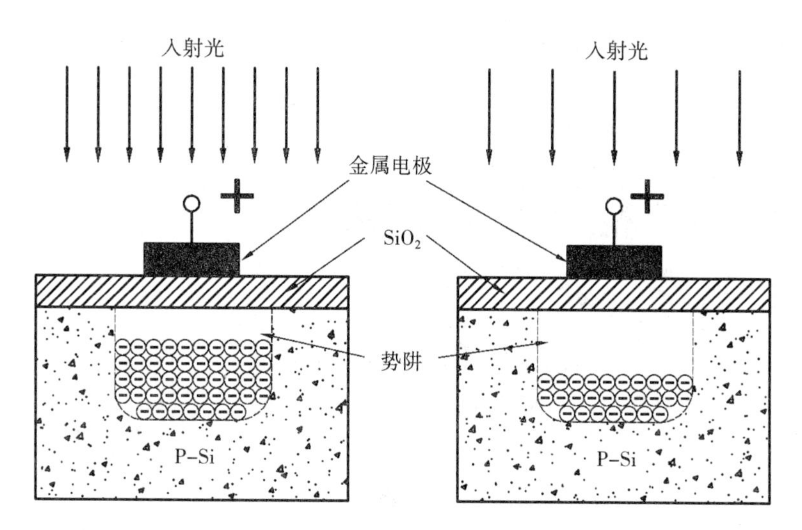

图3–3　MOS结构与势阱工作原理示意图

电压时，其电场能够透过SiO_2绝缘层对这些载流子进行排斥或吸引，于是带正电的空穴被排斥到远离电极处，剩下的带负电的少数载流子在紧靠SiO_2层形成负电荷层（耗尽层），由于电场作用电子一旦进入就不能复出，故又称为电子势阱。在栅极上加载的电压越高，势阱就越深。

当CCD受到光照时（光可从各电极的缝隙间经过SiO_2层射入，或经衬底的薄P型硅射入），光子的能量被半导体吸收，产生“电子—空穴”对，这时出现的电子被吸引存贮在势阱中，这些电子是可以传导的。光越强，势阱中收集的电子越多，光弱则反之，这样就把光的强弱变成电荷的数量，实现了光与电的转换，而势阱中收集的电子处于存贮状态，即使在停止光照的一定时间内也不会损失，这就实现了对光照强度的记录。

MOS电容器中积累的电荷记录着该像素的“曝光量”，我们可以大致将上述过程与胶片感光时留下“潜影”的过程相比较，“潜影”必须经过显影才能显像，而储存在势阱中的电荷形成的“电像”必须经过转移才能成为有用的信息。所以电荷在势阱中的积累过程相当于形成“潜影”的过程，电荷的转移过程则类似于“显影”过程。

3.2.2 电荷的转移

CCD上的感光单元按照行列的顺序规则排列。采用全局电子快门的CCD在“感光”时，所有感光单元同时“曝光”，整个“电像”在同一瞬间形成，所以它在积累电荷的过程中并不存在扫描的概念，这一点与电子管摄像头以及绝大多数CMOS传感器有着本质的区别。

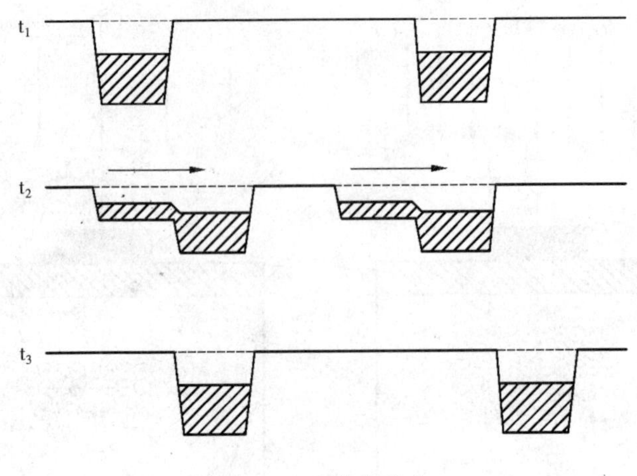

图3-4 电荷的转移

前面讲过，CCD的基本单元是MOS电容器，它本身具备积累电荷形成“潜影”的功能，同时MOS电容器之间也可进行电荷的转移。在MOS电容器栅极上加载的电压越高，形成的势阱越深，反之则越浅，而MOS电容器能够“贮存”的电荷总量与势阱的深度密切相关，势阱越深，则能够“贮存”的电荷越多，反之则越少。如果一个MOS电容器栅极上加载的电压由高变低，其势阱会由深变浅，势阱中存储的电荷就会“溢出”，如果周边存在其他较深的势阱，这些溢出的电荷就会转移到较深势阱中，如图3-4所示。利用以上原理，完全可以通过控制MOS电容器栅极电压的方法实现电荷的转移。

每一个“像素”的电荷转移与传输过程并不是同时完成的，而是遵循特定的顺序。按照电荷传输类型，CCD可以分为三大类：行间传输型CCD，即IT（interline transfer）型CCD；帧传输型CCD，即FT（frame transfer）型CCD；全帧传输型CCD，即FFT（full frame transfer）型CCD。

全帧传输型CCD，顾名思义，CCD中每一个单元在电荷转移的过程中均起作用，它必须与机械快门一同工作。机械快门打开时，全帧传输型CCD完成电荷积累，当机械快门关闭时，CCD中所有单元均参与到电荷转移的工作中。由于所有单元均参与电荷的积累工作，即我们俗称的“感光”，CCD靶面上的感光面积较大，所以全帧传输型CCD的感光效率比较高。但是由于它在完成电荷积累后需要一定的时间完成电荷转移，所以影响拍摄速度。全帧传输型CCD被应用于需要较高的拍摄质量，同时对拍摄速度要求不高的领域，比如天文摄影。

对于帧传输型CCD，传感器上一半面积被阻光层遮挡，阻光层的材料一般是铝，如图3-5所示。无遮挡感光部分的电荷可以快速转移到被遮挡部分从而储存下来，电荷转移完成后，无遮挡部分可以进行下一次电荷积累，同时，被遮挡部分储存的电荷

图3-5　帧传输型CCD

被后续电路读取。与全帧传输型CCD不同，帧传输型CCD并不需要机械快门。它的优点是拍摄速度快，可以记录动态影像，所以可应用于数字摄像机等设备；缺点是其工作单元（像素）的数量是有效像素的一倍，器件面积也是实际感光面积的一倍，从而显著提高元件的成本。

行间传输型CCD与帧传输型CCD的工作原理较为类似，均为利用部分“像素”进行电荷转移，不同的是前者采用每隔一列“像素”进行电荷转移，即每相隔一列的感光单元被阻光层遮挡以用来转移电荷。同样，行间传输型CCD也不需要机械快门，其优势是电荷转移速度快，从而达到较高的拍摄速度，缺点是器件中一半的面积不能进行光电转换，从而造成光电转换效率的大幅下降。

3.3　CMOS传感器

互补金属氧化物半导体（CMOS）传感器与电荷耦合元件（CCD）传感器的研究几乎是同时起步，但由于受工艺水平的限制，早期CMOS传感器存在影像质量差、分辨率低、信噪比低等缺陷，因而没有得到广泛的发展。曾几何时，电子影像传感器市场一直被CCD技术统治。随着集成电路设计技术和工艺水平的提高，CMOS图像传感器曾经存在的缺点和不足已经在很大程度上被克服，而且它固有的优点更是CCD器件所无法比拟的，因此，近年来，CMOS传感器大有取代CCD传感器的趋势。

CCD和CMOS传感器都是基于半导体材料的光电效应原理，不同点在于电荷的读出方式。两种传感器的每一个“像素”的感光部分均由金属氧化物半导体组成，每一个“像素”均可完成光电转换功能，将光照的强度以电荷的形式记录下来。如图3-6

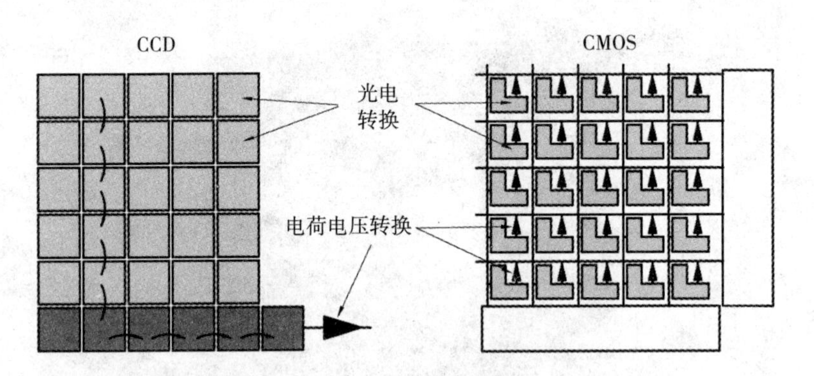

图3-6 CCD与CMOS的电荷转换方式

所示，CCD将每一个“像素”积累的电荷按照特定顺序传输，然后由后续电路进行电荷到电压的转换，并将其储存后输出；而CMOS则在每一个“像素”内部配备将电荷转换为电压的独立电路，电荷到电压的转换是在每一个像素内部完成的。CCD和CMOS的这种差别，造成二者在结构及性能方面具有重大的差异。

CCD与CMOS的性能差异主要体现在以下几方面：

灵敏度

在相同曝光量条件下，每一个“像素”的感光单元积累的电荷越多，感光元件的灵敏度就越高。感光元件的灵敏度与很多因素相关，其中最主要的是“像素”内感光单元的面积，感光单元面积越大，接受的光能越多，所转化的电荷越多，从而具备的灵敏度就越高。对于CCD或CMOS，我们将实际感光面积与芯片面积之比称为开口率（fill factor），在芯片面积相同的情况下，开口率越大，实际感光面积越大，灵敏度就越高。一般情况下，CCD芯片的开口率可以超过70%，而CMOS芯片的每一个像素中包含众多附加电路，其开口率只有50%左右。所以，从结构看，CCD在灵敏度方面具有明显的优势。

动态范围

这里说的动态范围指每一个“像素”能够“记录”的最强与最弱光照之比，CCD在此方面具有最大的优势。噪声是影像传感器最大的敌人，在低照度条件下摄影系统所能容忍的最大噪声决定其动态范围。由于CCD的每一个“像素”仅仅由单一的感光单元组成，所以其自身对电荷积累过程的干扰非常小；而CMOS的每一个“像素”除了包含光敏二极管之外，还有附加电路，而且这些附加电路与感光单元同时工作，势必造成一定程度的干扰，从而形成噪声，这是由CMOS本身结构所决定的，随着技术的发展，CMOS的降噪技术大幅度提高，但是仍旧无法达到CCD的水平。

一致性

此处指在相同光照条件下每一个“像素”响应的一致性。理想条件下，所有“像素”对光照的响应都是一致的，但是从CCD或CMOS制作工艺角度讲，各个“像素”之间均存在差别，造成响应的不一致性。对于CCD传感器，电信号是在“像素”之外被统一放大的，这种不一致性仅由每个“像素”的光电转换器决定；而对于CMOS，电信号的放大过程是在每一个“像素”内完成，即每个“像素”的电信号的放大工作均由独立的放大电路完成，而且放大电路的差别在工艺上尤为突出，所以CMOS的不一致性与CCD相比更为显著。对于CMOS所记录的同一幅电子影像，其暗部的不一致性较亮部来讲更为明显，本质上也增加了影像的噪声，从而降低了信噪比，最终降低了动态范围。

拍摄速度

拍摄速度是CMOS与CCD相比最显著的优势，因为大部分的信号处理功能均能在CMOS芯片中完成，从而简化了信号的处理过程，缩短了信号的传输距离。目前，采用CMOS的普通数字电影摄影机的拍摄速度已经达到120fps，而一些专业高速摄影机的拍摄速度可达到每秒上千帧。这是近年来在数字电影摄影机发展过程中CMOS逐渐取代CCD的重要因素之一。

曝光窗

曝光窗是指感光器件有效面积中的实际工作区域，曝光窗可以与有效面积相同，也可以小于有效面积。CMOS传感器的一个独一无二的能力是可以只提供靶面范围内某一部分的影像信号，比如采用CMOS的RED ONE数字摄影机在进行常速拍摄时采用4K分辨率，而进行高速拍摄时仅使用CMOS传感器中的一部分像素，从而将分辨率降低到2K。显然，在高速拍摄时采用较低分辨率的目的是满足摄影系统的后续处理及记录设备的性能要求。而CCD只能进行全靶面拍摄，不能在传感器内部进行影像分割。

可靠性

理论上，两种传感器自身的可靠性不分伯仲，但是对于采用不同传感器的数字摄影机来说，采用CMOS的可靠性会略强一些，因为CMOS传感器内部已经完成了信号放大、转换等功能，使得后续电路相对简化，降低了系统复杂性，提高了系统的可靠性。

功　耗

CMOS的功耗要明显大于CCD。对于数字摄影机来讲，较大的功耗所带来的问题是较高的发热量，对其散热系统的设计提出更高的要求。同时，传感器温度上升会造成一系列衍生问题，比如光电转换性能的变化、稳定性的下降以及传感器物理结构的变化，最严重的就是传感器本身的变形造成摄影机后焦的偏移，从而降低影像的清晰度。

滚动式快门与全局式快门

为了提高CMOS传感器的灵敏度，绝大部分使用CMOS传感器的摄影机采用滚动式电子快门(rolling shutter)。滚动式电子快门采用水平扫描的方式从上至下逐行曝光，即图像是被一行一行地逐次记录下来的，每一行图像的记录时刻均不同。与滚动式快门相对应的另一种方式是全局式快门（ global shutter ），全局式快门对整幅图像中的全部像素同时曝光，图像中任意像素的曝光时刻均相同，然后再按照特定顺序读出，使用CCD传感器的摄影机采用全局式电子快门。

滚动式快门使得传感器中某些像素“曝光”的同时读取另一些像素的信息，这样设计的优点是可以最大限度地延长每个像素的“曝光”时间，从而提高摄影系统的灵敏度;缺点是会造成一定程度的运动失真,某些极端情况下会非常明显。值得注意的是，并非所有的CMOS传感器都采用滚动式快门，但绝大多数的采用CMOS传感器的消费级数字摄影机和照相机的电子快门模式均为滚动式，所以一般认为CMOS采用滚动式快门，而CCD采用全局式快门。

滚动式快门对运动物体的表现会存在一定程度的失真，而全局式快门则不存在由扫描造成的运动失真,这也是采用CCD电子传感器的摄影系统所具备的一项天然优势。扫描与运动失真的详细内容请见第四章“扫描与同步”。

3.4　分　光

为了得到彩色的电子影像，必须对入射光进行分光，分别记录下红绿蓝三基色光的强度，才能将物体的色彩正常还原。在目前众多的数字摄影机中，主要采用两种分光形式，一种是采用三个感光芯片的棱镜式分光，即我们通常讲的3CCD或3CMOS数字摄影机，另一种是采用微滤色片的单感光芯片数字摄影机。

3CCD数字摄影机采用3片独立的CCD芯片，它们分别用于记录红、绿、蓝光，图3–7为棱镜式分光系统示意图。入射光从棱镜左侧射入，在棱镜A与棱镜B交接面上靠近

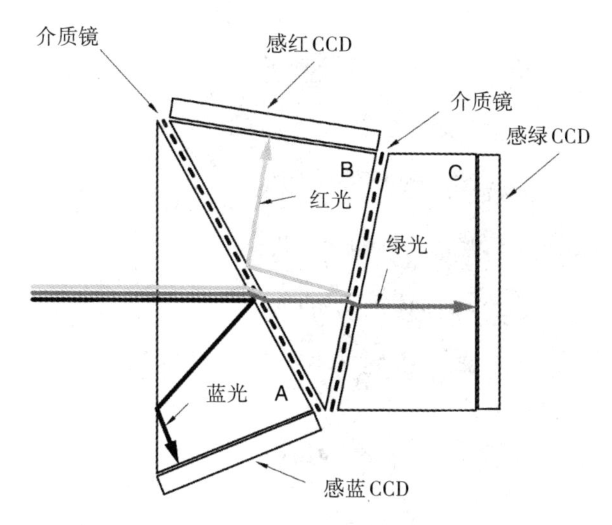

图3–7　三芯片棱镜式分光系统示意图

A镜一面附有可将红绿光通过而将蓝光反射的介质镜（dielectric mirror），介质镜一般由多层膜组成，通过控制各层膜的厚度，可以阻止特定波长光线的通过，并将其反射回去。蓝色光在棱镜A内部经过一次全反射垂直射入感蓝CCD。在棱镜B和C的交界面附着可使绿光通过而反射红光的介质镜，而棱镜B与棱镜A并不直接接触，中间留有一定的空隙，所以在棱镜B内部的红色光可以在B与A的交界面进行一次全反射，从而垂直射入感红CCD。而绿光通过介质镜后直接射入感绿CCD。

分光式3CCD技术曾经广泛应用于专业数字摄影机、高端民用摄像机以及电视电影机（telecine）等设备中。相比单芯片系统，分光式3CCD技术的光电转换效率最高，因为入射光大部分能量均会用于光电转换，而单芯片系统由于采用了滤色镜，至少浪费了三分之二的入射光能量。所以采用分光式3CCD系统的数字摄影机具有画质好、灵敏度高等特点。但是三芯片分光方式也有一定缺点，首先就是成本高，其次对分光系统的加工及组装精度要求也非常高，稍有偏差就会造成红绿蓝三通道的不一致从而影像画质；在拍摄过程中随着温度的上升，CCD及棱镜组容易发生变形从而影响摄影机后焦，这也是三芯片系统较少采用CMOS的原因之一，因为CMOS的发热量更高。同时三芯片数字摄影机一般采用的最大靶面面积为三分之二英寸，对于更大的画幅尺寸，三芯片方式在制造工艺上难以达到要求。此外，分光棱镜及介质镜系统对入射光的角度要求也极为苛刻，对于某些大光孔的快速镜头，由于入射光与主光轴存在较大角度，容易造成画面四周暗角的出现。

近年来，随着CMOS技术的不断发展，更大画幅面积、更高分辨率的影像传感器逐渐普及，越来越多的数字电影摄影机采用单芯片CMOS系统。单芯片CMOS采用的分光方法是在每一个感光单元上添加彩色滤色镜，滤色镜排列组合成彩色滤色镜阵

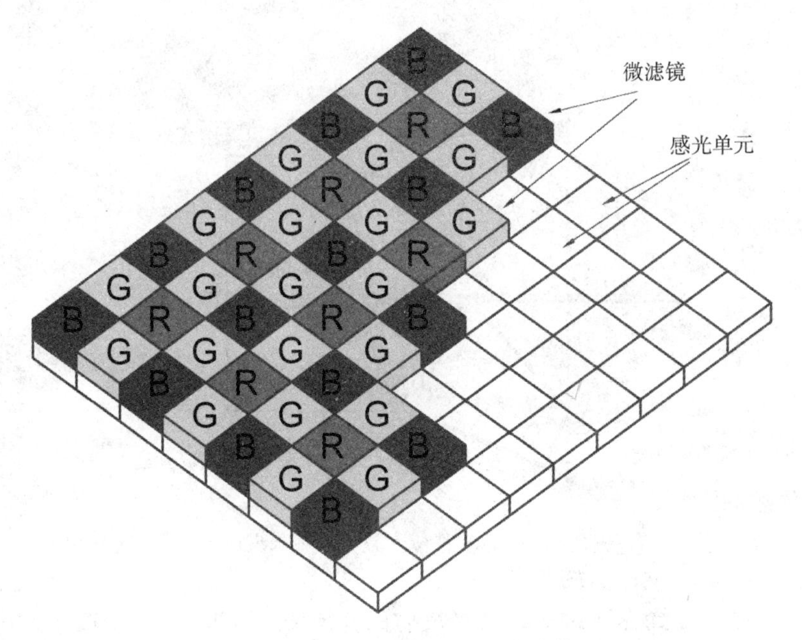

图3-8 以拜耳模式排列的微滤镜

列（color filter array），由此，每一个像素只能记录某一特定原色光的强度。这些滤色镜只是由涂布在感光单元上的染料构成，其最常用的排列方式为拜耳模式（Bayer pattern）。

拜耳模式的发明者布莱斯·拜耳（Bryce E. Bayer）工作于柯达公司，他于1976年提出了自己的理论。在日光条件下，人眼对绿光的敏感性要高于红光和蓝光，所以为了模拟人眼的这种特性，电子传感器的感绿单元的敏感性也应该大于感红单元和感蓝单元，拜耳模式由此而形成，如图3-8所示。分布于CMOS传感器感光单元上的微滤镜中，绿色的数量是红色和蓝色的两倍，使得更多的感光二极管可以记录绿光的强度。

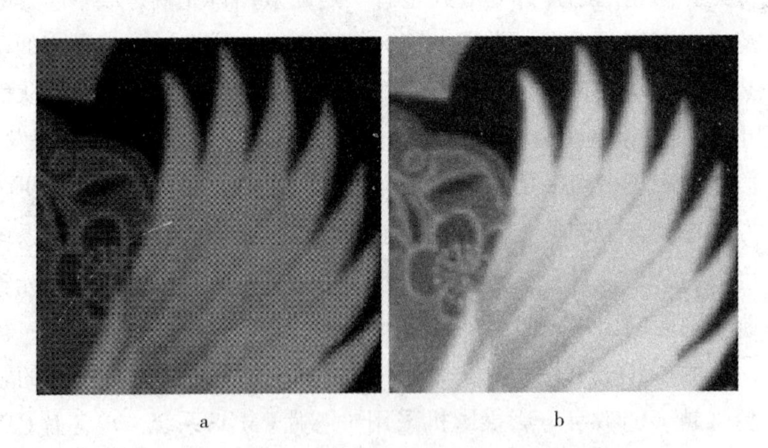

a　　　　b

图3-9 拜耳模式产生的原始影像及还原后的影像

采用拜耳模式的CMOS芯片的每一个“像素”只能记录单一色光，原始影像的红绿蓝像素排列如图3-9所示，a图是采用拜耳模式的CMOS传感器输出的原始数据，每一个“像素”只记录红绿蓝中的单一色彩，而缺失的其他两种色彩需要从临近的像素中提取，并经过计算将其还原，b图是还原后的影像。拜耳模式被目前绝大多数专业级单芯片数字电影摄影机采用。

第4章 扫描与同步

完整的视频系统至少由四部分组成：影像的获取系统、传输系统、存储系统和显示系统。第三章所讲的感光元器件属于获取系统范畴。视频影像被数字摄影机获取后，需要传输给显示系统对其进行还原，如果不是实时直播，还需要预先储存下来，进行剪辑等各种处理，在需要时播放。

扫描是视频技术中非常重要的概念，在影像获取、传输与还原的过程中离不开扫描技术。我们通常讲到的扫描是一个非常笼统的概念，在影像的获取阶段，扫描方式决定了电子感光元件以何种顺序将场景中的每一个“像素”记录下来；在影像的还原阶段，扫描方式则决定了显示设备以何种顺序将影像中每一个“像素”还原；而在影像的传输过程中，扫描方式往往与“像素”的传输顺序紧密相关。

同步技术则保证影像在还原的过程中与原画面保持一致。本章重点介绍扫描与同步技术原理。

4.1 扫 描

以黑白活动影像为例，影像中某一点的亮度L是空间坐标x、y与时间坐标t的函数。即：

$$L=F（x、y、t）\qquad（公式4.1）$$

假设需要传输一幅分辨率为1920×1080的高清晰度静态画面，如果我们为每一个坐标点都建立独立的信息通道，并一次性对所有像素进行同时传输，就需要

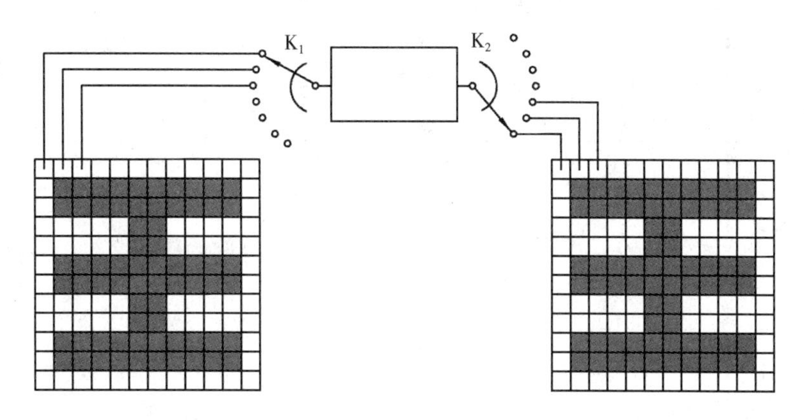

图4-1　影像的循序传输

1920 × 1080=2073600个信息通道，这显然是不可能的。

在实际工作中我们采用的办法是将这200多万个像素按照某一特定顺序在一条信息通道内进行循序传输，如图4-1所示。具体方法是：将图像上每个像素的亮度按照特定循序变成电信号并传送给接收端，在图像的接收端，再按照完全一样的顺序将发射端传送的电信号转化成光，只要传送的速度足够快，快到小于人眼的视觉暂留时间，人眼看到的就是一副完整的画面，而不是顺序扫过的发光点。以上就是图像的循序传输过程。注意，这种方法只需要一条信息通道。

对于一幅画面，某一像素的亮度是该像素在画面中空间位置的函数，即L=F（x、y），而扫描的过程就是将此空间函数转换为时间函数，即L=F（x、y）→L=F（t），在图像还原的过程中又将此时间函数转换为空间函数，即L=F（t）→L=F（x、y）。

对于视频活动影像，这种循序传输必须足够快，对于每秒24帧的高清分辨率影像来说，每秒需要传输的像素数量至少要大于1920 × 1080 × 24≈5000万个。同时，传输必须准确，发射端与接收端的像素位置必须一一对应，不能有丝毫差错，我们将这种无偏差的对应称为发射端与接收端的同步，简称同步。显然，如果发射端与接收端的像素位置没有达到一一对应，即不能实现同步，影像的还原一定会出现错误。

综上所述，扫描本质上是将点阵图像从空间函数转换为时间函数的过程，而这种转换方法决定了扫描的方式及顺序，而同步技术本质上是保证发送与接收方在扫描顺序上的严格一致。

4.1.1 扫描与消隐

首先我们以模拟视频系统为例，详细介绍扫描过程。

在模拟视频系统中，摄像管和显像管内部都装有行与场两对偏转线圈。行、场偏

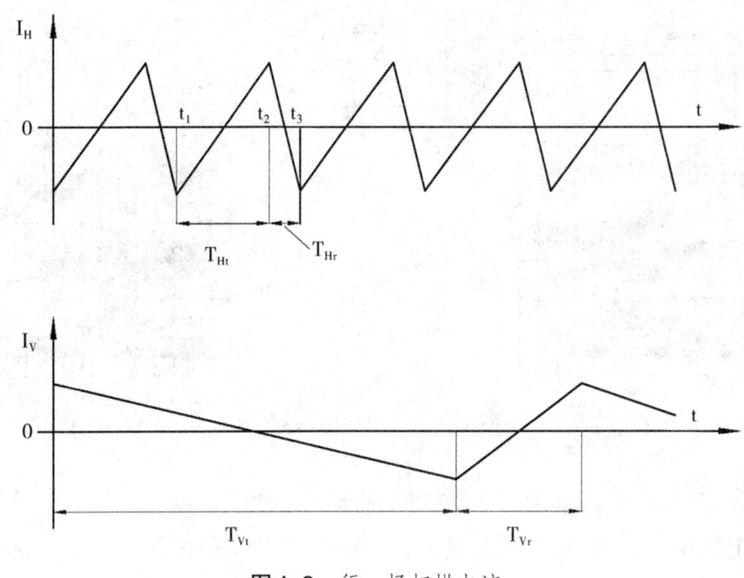

图4-2 行、场扫描电流

转线圈分别控制电子束在摄像管或显像管内部的水平与垂直偏移，并分别加载均为锯齿波的行、场扫描电流，见图4-2。

当给行偏转线圈加载行扫描锯齿波时，电子束在水平方向上受到偏转力，产生水平方向上的行扫描，如图4-2上图，扫描电流在t_1到t_2时间内线性上升，电子束在水平方向上受到自左向右的作用力，因此由左向右移动，这一段扫描过程称为行正程扫描，行正程扫描所需时间称为行正程扫描时间，用T_{Ht}表示。当行扫描电流在t_2到t_3时间内迅速下降时，电子束在水平方向上受到自右向左的作用力，从右端快速返回左端，这段过程称为行逆程扫描，行逆程扫描所需时间称为行逆程扫描时间，用T_{Hr}表示，并且$T_{Ht}>T_{Hr}$。设一次完整的行扫描时间为T_H，T_H为行扫描周期，且$T_H=T_{Ht}+T_{Hr}$。行扫描周期的倒数为行扫描频率，设行扫描频率为f_H，则$f_H=1/T_H$。

当偏转线圈加载场扫描锯齿波时，电子束在垂直方向上受到偏转力，产生垂直方向上的场扫描，如图4-2下图中的场扫描锯齿波，当电流线性下降时，电子束在垂直方向上受到自上向下的作用力，因此由上向下移动，这一段扫描过程称为场正程扫描，场正程扫描所需时间称为场正程扫描时间，用T_{Vt}表示。当行扫描电流迅速上升时，电子束在垂直方向上受到自下向上的作用力，从靶面或屏幕底端快速返回顶端，这段过程称为场逆程扫描，场逆程扫描所需时间称为场逆程扫描时间，用T_{Vr}表示。设一次完整的场扫描时间为T_V，T_V为场扫描周期，且$T_V=T_{Vt}+T_{Vr}$。场扫描周期的倒数为场扫描频率，设场扫描频率为f_V，则$f_V=1/T_V$。

在扫描过程中，由于行偏转线圈和场偏转线圈中同时加载行偏转电流和场偏转电流，电子束同时受到水平和垂直方向的作用力，所以电子束真实的运动轨迹是倾斜的，由于行扫描频率远远大于场扫描频率，即电子束的水平运动速度远远大于垂直运动速度，所以电子束运动轨迹的倾斜角度很小，而且在同一场内，行的数量越多，倾斜角度越小。

在扫描过程中，不论是行逆程还是场逆程，均不记录或显示图像。以显像为例，在行、场逆程中，电子束是截止的，从而不显示任何图像，我们将此过程称为消隐。为了获得清晰稳定的图像，正程扫描时间必须远远大于逆程扫描时间，即$T_{Ht} > T_{Hr}$、$T_{Vt} > T_{Vr}$。设$T_{Hr}/T_{Ht}=\alpha$，α 称为行逆程扫描系数，设$T_{Vr}/T_{Vt}=\beta$，β 称为场逆程扫描系数，对于高清1080i50，α 为20%，β 为15.7%。

4.1.2 逐行扫描与隔行扫描

逐行扫描是指一行接一行连续的扫描，行与行之间没有间断。显然，扫描的行数越多，图像越清晰，当一行图像高度小于人眼最小分辨角1/60°时，人眼将看不到独立的行，只能看到整幅画面。这里需要强调的是，在讨论模拟视频图像的分辨率时，一般是以行的数量为度量的，比如PAL制一帧之内有效可见行的数量为576，即图像的垂直分辨率。而在每一行之内，由于摄像管光电靶上面没有具体的一个个“像素”，导致信号在一行之内的变化是连续的，很难讨论其水平分辨率。只有在显示过程中，由于彩色显像管需要每一个“像素”都具备红绿蓝三基色，才会有水平分辨率的概念。因此，在讨论模拟视频图像的分辨率时，往往以其垂直分辨率做为主要指标。而数字视频信号由于在获取过程中对亮度进行了采样，相当于在整个获取、传输、存储和再现的过程中均被分解成相应的像素，所以在评价数字信号清晰度的时候往往以其整体像素数目做为指标，比如高清信号具备约200万像素的分辨率。

根据第一章中人眼临界闪烁频率相关内容的论述，场扫描频率需要达到48帧/秒才能消除人眼的闪烁感。同时，如果将视频图像的垂直分辨率定为500行，那么人眼在垂直方向上对其张开的视角是$500\times1/60°\approx8.33°$，如果画幅的宽高比按4：3计算，那么人眼在观看时的水平视角是$8.33°\times1.33\approx11.11°$，这个视角并不大，甚至说这个视角已经不能再小了。根据以上指标计算出的视频信号带宽在电视技术发展初期还是很大的，当时的技术难以在较低成本下实现如此大的带宽。如果为了缩小带宽而降低场扫描频率，则会增加影像的闪烁感，如果减少分辨率，观众在观看时所获得的视角就会小于11.11°，显然会降低观看效果，所以必须找到其他方法以解决带宽问题。

我们首先回顾一下传统胶片的放映方式：影片在放映过程中，每秒放映24幅画面，每一幅画面被遮挡一次，即闪烁两次，利用这种方法，使得银幕每秒钟闪烁48次，同时只使用了24幅画面，既消除了闪烁感又节省了胶片。模拟视频技术是否也能用这种方法消除闪烁呢？答案是否定的。如果显示端采用每一幅画面扫描两遍的方式，那么画面必须在第一遍扫描时就传输过来，此幅画面的传输时间仍然是1/48秒，并没有改变传输峰值速度。

隔行扫描是解决以上问题的最佳方法：将每一帧拆分成两场，第一场只扫描画面的奇数行，即1、3、5……行，称之为奇数场；第二场只扫描偶数行，即2、4、6……行，称之为偶数场。由于在一场之内总是每隔一行进行扫描，所以将这种方式称为隔行扫描，如图4-3。每一帧画面经过奇数场与偶数场两次扫描之后，所有内容全部扫描完成。以我国采用的标清电视PAL制为例，电视系统每秒传送25帧画面，每一帧包含两场，所以每秒共包含50场，即场频等于50Hz，在回放时，画面在一秒之内进行50次闪烁，超过了人眼的临界闪烁频率，观众不会有明显的闪烁感。

在逐行扫描方式中，帧频与场频是相同的，由于是一行接一行按顺序扫描，电子束在从屏幕顶端移动到屏幕底部的一场周期内，即完成了一帧画面的扫描；而对于隔行扫描，电子束要完成两个垂直运动周期才能完成一帧画面的扫描，即两场组成一帧，所以帧频是场频的一半。

需要强调的是，普遍认为隔行扫描所占带宽要小于逐行扫描，这种认识始于模拟时代，实际上在一秒之内，只要帧频一定，分辨率一定，逐行扫描和隔行扫描所传输的总行数是相等的，在相同时间内（t>1s）所传输的信息量是完全一致的。

假设一套实时视频转播系统的帧频是25帧/秒，如果系统采用逐行扫描的方式，我们可以有两种方法实现同一帧画面的两次显示：第一种方法是将每一帧画面传送两

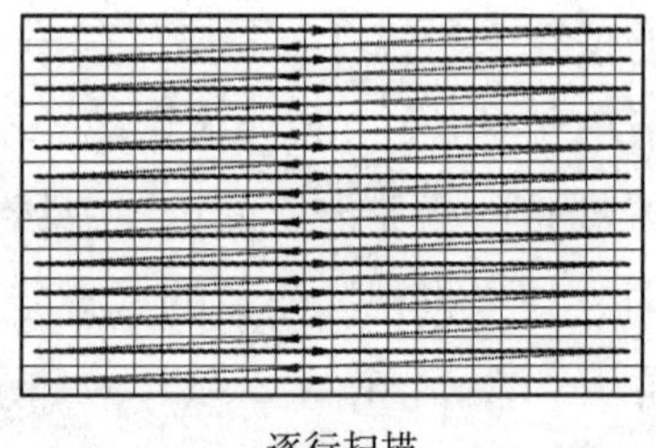

逐行扫描

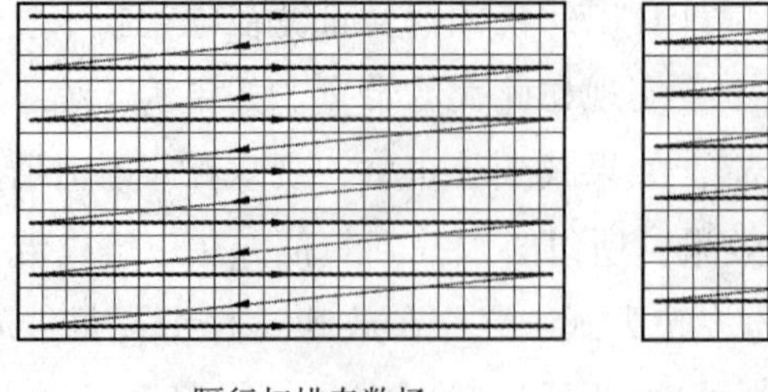

隔行扫描奇数场　　隔行扫描偶数场

图4-3　逐行、隔行扫描示意图

次，要求每次传送的速度为1/50秒，即每一帧画面在1/50秒的时间内传送，且发射端与接收端图像信号完全同步；第二种方法是每一帧画面只传递一次，在接收端储存下来，然后进行两次显示，发射端与接收端图像信号不完全同步，每一帧的下一帧画面必须延时显示。显然第二种方法要求每一帧画面在1/25秒内传输即可，其带宽仅是第一种方法的一半。根据前文的叙述，可以得知隔行扫描的传输帧频也是1/25秒每帧，那么为什么要采用隔行扫描而不采用上述第二种方法呢？答案很简单，由于早期模拟电路没有存储单元，所以很难实现图像信息的存储，图像的扫描、传送以及显示必须是完全同步的，不能存在延时。但是数字系统具备存储能力，可以将图像暂时储存下来然后再显示。通过以上论述可以得知，隔行扫描是为了适应模拟系统以节省带宽资源的方法，进入数字时代之后，隔行扫描的优势不复存在。隔行扫描方式目前还存在的唯一原因是其在历史上曾得到广泛应用，它是历史遗留的产物。

4.1.3 扫描方式与运动再现

下面我们讨论扫描方式与物体运动再现的关系。在使用逐行扫描的情况下，假设拍摄一个快速横向运动的物体，如图4–4a，一物体从画面左侧快速向画面右侧水平运动。当扫描线扫过物体顶部时，“记录”下物体顶部的水平位置，在同一帧内，经过某一时间t之后，扫描线扫过物体底部，这时物体已经自左向右运动了一段距离x，所以扫描线所“记录”的物体底部的水平位置要向右偏移一段距离x，如图4–4b。当图像在接收端被还原时，会造成物体整体形态的“斜拉”，如图4–4c。

假设拍摄一个快速纵向运动的物体，如图4–5a，该物体从画面顶部向画面底部

a

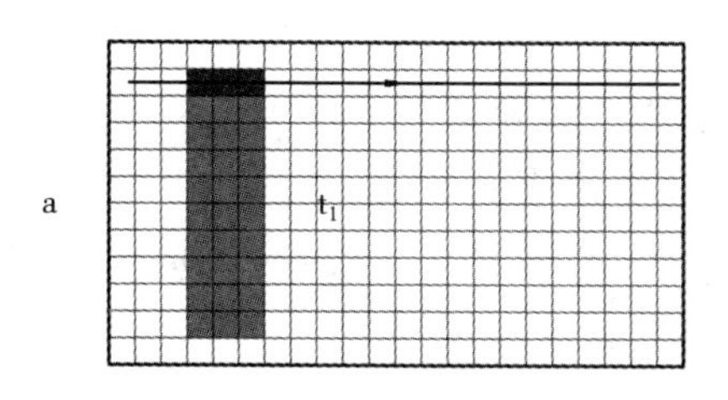

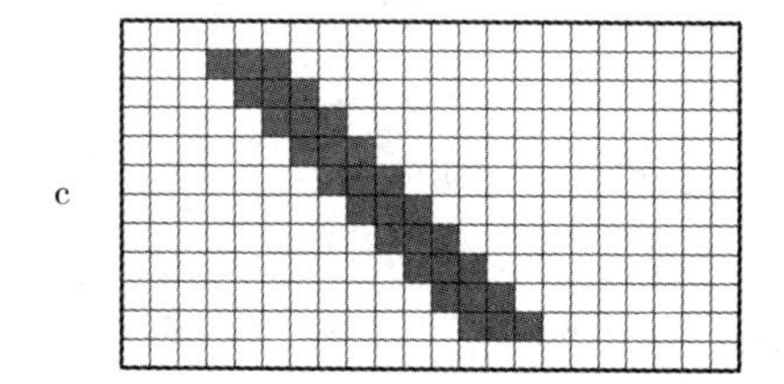

c

b

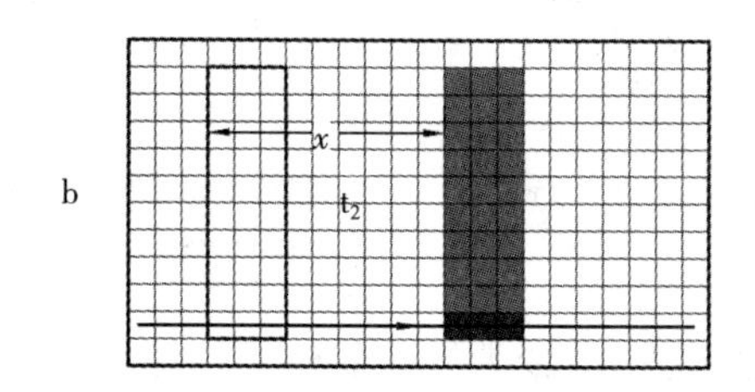

图4–4　逐行扫描对横向运动物体的再现失真

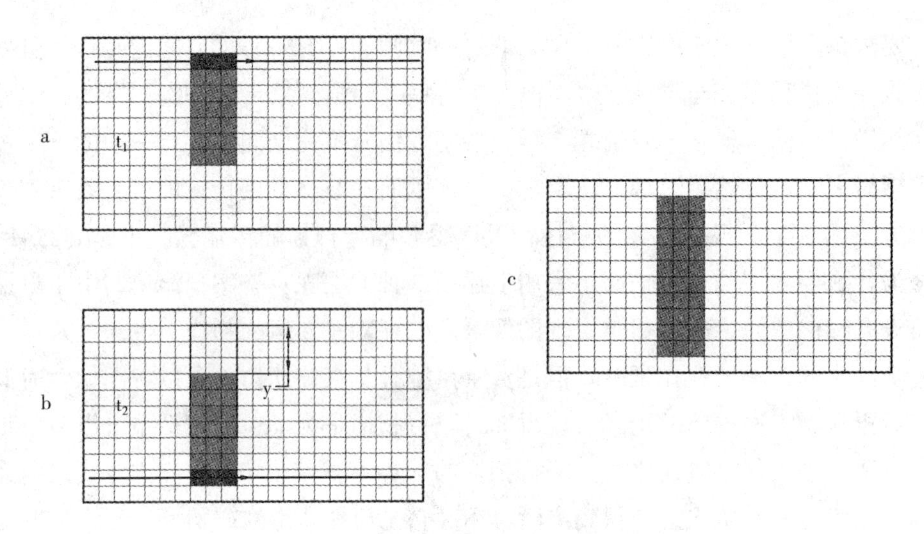

图4–5 逐行扫描对纵向运动物体的再现失真

快速运动，当扫描线扫过物体顶部时，“记录”下物体顶部的垂直位置，在同一帧内，经过一段时间t后，扫描线扫过物体底部，这时物体已经自上而下的运动了一段距离y，所以扫描线所“记录”的物体底部的垂直位置要向下偏移一段距离y，如图4–5b。当图像在接收端被还原时，会造成物体在垂直方向上被“拉长”，如图4–5c。

如上所述，在拍摄过程中采用逐行扫描的方式会对物体的运动再现造成一定失真。需要强调的是，在第三章讨论的三种类型的电子感光器件中，只有电子摄像管是真正采用扫描方式进行影像获取的，而面阵型CCD以及CMOS中各个像素在曝光时间内可同时进行光电转换，只是在电荷转移的过程中必须遵守一定的顺序，所以在采用CCD和CMOS做为电子感光器件的摄影系统中，运动物体的形态是否会失真，以及是何种失真，要看CCD或CMOS各个像素积累电荷的方式，并不能一概而论。

隔行扫描对于物体运动的表现更为复杂一些，与逐行扫描相同，在同一场内，隔行扫描会造成水平运动物体的形态被“斜拉”，也会造成垂直运动物体的形态被拉长。由于隔行扫描是两场组成一帧，两场扫描的间隔为一帧的二分之一，对于运动物体来讲，这是一个相对较长的时间，再现所造成的失真则更为严重。

如图4–6a，采用隔行扫描方式拍摄一个快速横向水平运动的物体时，一帧内第一场扫描时记录下物体的水平位置，当进行第二场扫描时，物体已经在水平方向上移动了距离x，如图4–6b，当对该帧画面进行还原时，由于第一场与第二场物体的位置不同，物体的边缘会出现锯齿，从而造成失真，如图4–6c。我们通常将此类锯齿状的失真称为“场纹”。

隔行扫描对垂直运动也会造成影响。这里举一个较为极端的例子，假设一个物体具有黑白相间的水平纹路，而且水平纹路正好与扫描线重叠，奇数行是黑色，偶数行

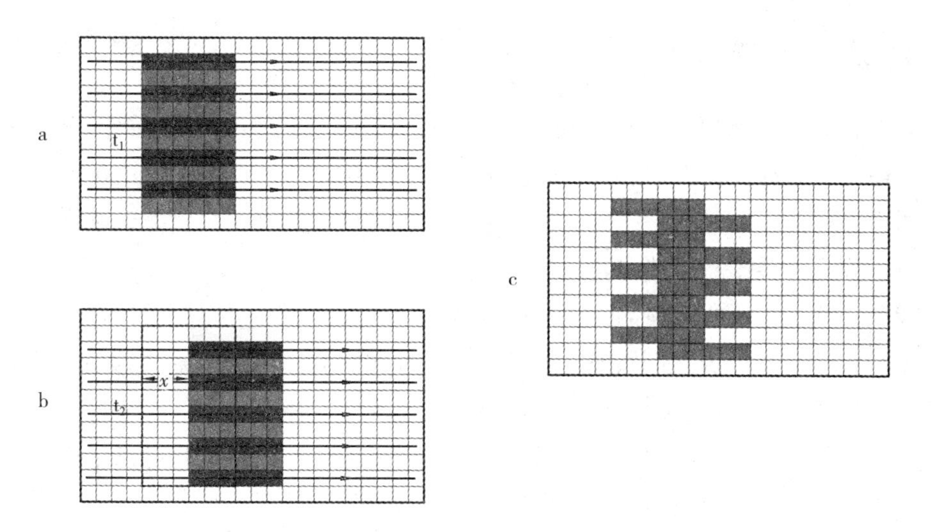

图4-6　隔行扫描对横向运动物体的再现失真

是白色，如图4-7a所示，如果采用隔行扫描的方式拍摄此物体，一帧内第一场扫描奇数行，“记录”下来物体的颜色只有黑色，如果恰好此物体以每秒一行的速度向下做垂直运动，如图4-7b，那么在第二场扫描时，摄影系统“记录”下来的仍然是黑色条纹，当对该帧画面进行还原时，由两场画面组成的一帧中，显示的物体为全黑色，黑白条纹“消失”了，如图4-7c。当然这在实际情况中很难遇到，但是这个例子不难解释为什么采用隔行扫描方式拍摄垂直运动的物体会造成内部细节的丢失。

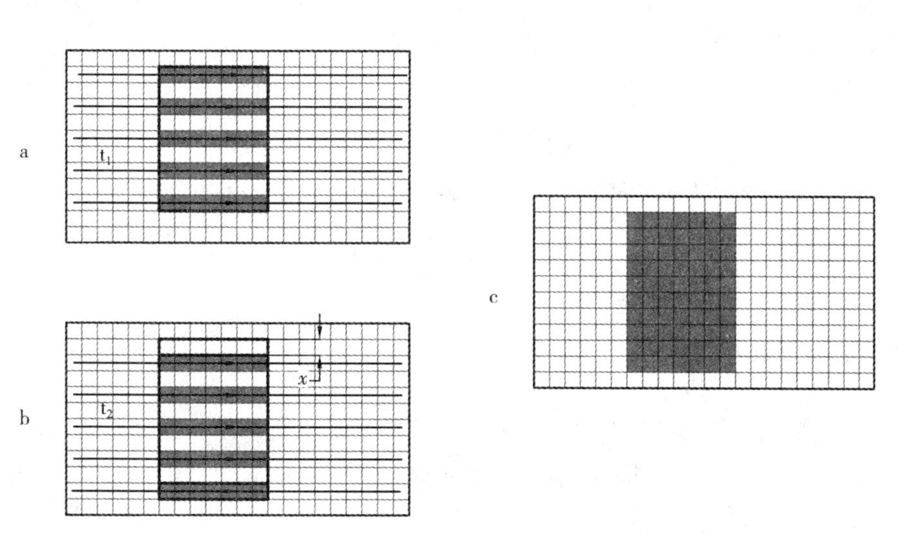

图4-7　隔行扫描对纵向运动物体的再现失真

4.1.4 逐行分段帧

我们在进行数字视频拍摄与处理的过程中，经常会遇到“PsF”的标识（有时也写做“sF”或“SF”），它是“逐行分段帧”（progressive segmented frame）的缩写。本质上讲，逐行分段帧并不是扫描方式，它是指一种使用隔行扫描设备对逐行扫描方式的视频影像进行传输、存储和处理的方法。

我们知道，较早的视频存储、传输及处理设备大多采用隔行扫描方式，它们只能对隔行扫描的视频影像进行处理。当逐行扫描方式的应用逐渐增多之后，为了使原有隔行扫描设备能够继续发挥作用，必须将逐行扫描的一帧画面拆分成两段（segment），奇数行做为其中一段，偶数行做为另一段。这样，隔行扫描设备就可以将段做为场来处理，从而实现用隔行扫描设备处理逐行扫描影像的目的。从技术上讲，逐行分段帧中的“段”与隔行扫描中的“场”（fields）是一样的，都是一帧完整画面中的一部分，不同的是前者采用逐行扫描的方式记录，所以不存在由隔行扫描造成的运动失真。

4.2 同 步

在视频系统中，为了能够准确地将影像进行还原，摄影系统与显示系统必须进行同步扫描，一方面要确保发射端和接收端（简称收发端）的扫描方式、扫描频率和扫描相位严格一致，同时也要保证影像中各个像素的几何位置的一一对应，即收发端的同一像素在同一时刻被扫描。实现同步在理论上很简单，只要保证收发端扫描的起始相位、频率、扫描方式等因素相同即可，具体实现同步的方法是在视频信号中加入同步信号，模拟视频与数字视频的同步技术有所不同，本节将着重介绍模拟视频的同步方法，以理解视频同步技术的最基本原理，而数字视频同步的方法将在第六章介绍。

4.2.1 同步异常

在讨论同步技术之前，我们先分析一下同步异常。所谓同步异常是指视频信号在产生、传输、存储和显示过程中出现同步错误，即视频信号收发端的像素不能够一一对应，导致影像不能正确还原。

视频信号的同步分为行同步与场同步两种类型，行同步指的是在扫描过程中行扫描频率、相位的一致，而场同步指的是场扫描频率、相位的一致。只有在视频信号收发端的行、场信号均同步的情况下，视频影像才能正确还原。

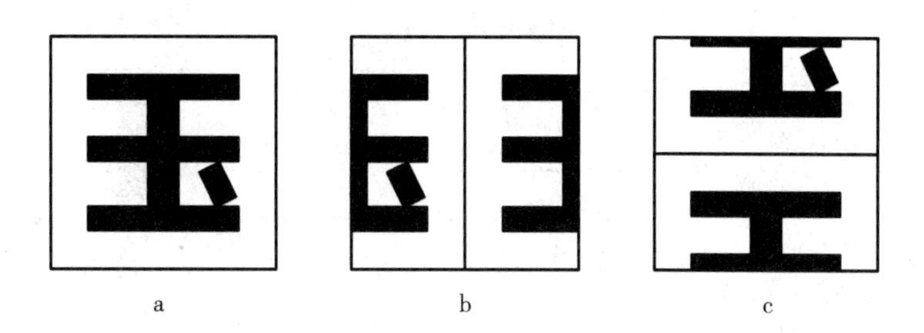

图 4-8　相位不同造成的视频图像失真

当收发端的行扫描频率不同步时，假设视频信号接收端的行扫描频率略高于发射端的行扫描频率，则发射端第一行末的像素将在接收端的第二行左侧出现，发射端第二行的像素又在接收端的第三行出现，如此递推，会造成影像的紊乱；假设视频信号接收端的行扫描频率略低于发射端的行扫描频率，则接收端第一行右侧将出现发射端第二行左侧的像素，而在第二行中又会出现发射端第三行的部分像素，如此递推，同样会造成影像的紊乱。而且，这种紊乱往往会使影像完全无法辨认。

当收发端的场频不同时，同样会造成影像的紊乱。假设视频信号接收端的场频略高于发射端的场频，发射端第一场画面下边的部分内容会显示在接收端第二场画面的上方，发射端第二场画面下边的部分内容会显示在接收端第三场画面的上方，如此递推，重现的影像会出现向下翻滚的情况；假设视频信号接收端的场频略低于发射端的场频，发射端第二场画面上边的部分内容会显示在接收端第一场画面的下方，发射端第三场画面上边的部分内容会显示在接收端第二场画面的下方，如此递推，重现的影像会出现向上翻滚的情况，而且场频相差得越大，滚动的速度越快。

当扫描频率相同，但起始相位不同时，重现的影像也会发生异常。图 4-8a 是视频信号发射端送出的图像，即原始图像；图 4-8b 是收发端扫描相位相差半行时间所造成的图像左右分裂；图 4-8c 是收发端相位相差半场时间所造成的图像上下分裂。

4.2.2 模拟视频信号的同步

视频信号在收发端的同步是影像正确再现的必要条件。为了实现影像的正确还原，必须与视频信号一起发送同步信号——也称同步脉冲（sync pulse）。在发送端，从每一行扫描完成到下一行扫描开始的这段时间称为行消隐期，消隐期内的信号不记录影像内容，正好可以利用这段时间发送同步信号。同理，在每一场扫描完成后，利用场消隐期发送场扫描同步信号。同步信号与图像信号同时发送。在接收端，行、场扫描驱动电流只有在接收到同步信号之后才开始返回（即开始行、场逆程扫描）。

实际上，在最早的电视系统中，图像信号与同步信号是分别传送的，图 4-9a 是

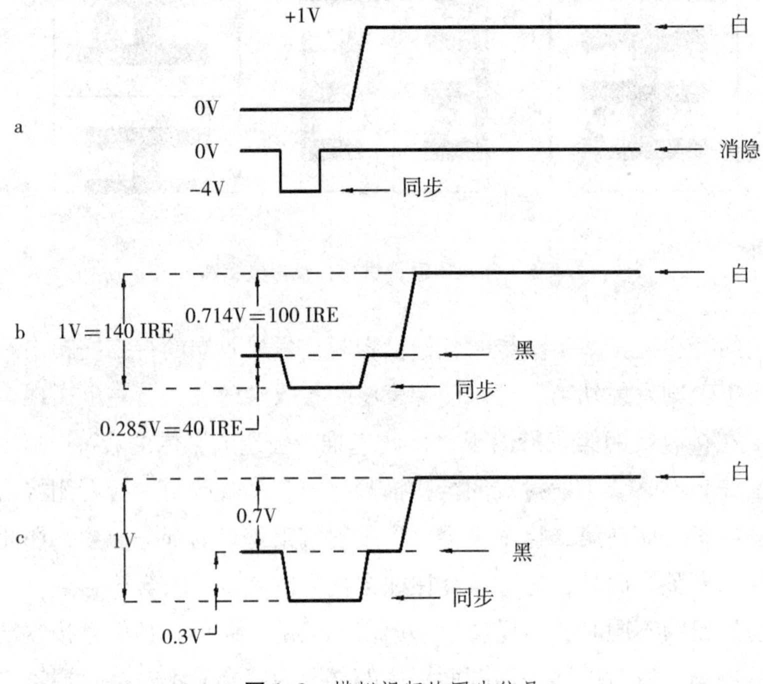

图4–9 模拟视频的同步信号

最早美国所采用的电视标准视频信号的波形示意图，我们可以看到图像信号与同步信号是分别发送的，而且同步信号是一个凹槽。这显然不是一种最佳的解决方案，更好的方法是使用同一条信道，同时传送图像信号与同步信号。在行逆程扫描和场逆程扫描期间，摄像管的电子束截止，视频信号处于消隐状态，这段时期正好可以用来加载同步信号。当时这种分别传送的方式中图像信号电压变化范围是0至1伏特，而同步信号电压的变化范围是-4至0伏特。

如图4–9b，在视频信号的消隐阶段，加入一个凹槽脉冲作为同步信号，这样做实际上是将同步信号与图像信号“复合”成同一路信号，早先的“复合视频”指的就是加载了同步信号的视频信号，当然，今天通常讲的复合视频指的是将亮度信号和彩色信号复合的视频信号。

图4–9b中这个同步脉冲的幅度是多少呢？首先,4伏特的同步信号被压缩了10倍，使其电压变化幅度为0.4伏特，加上图像信号，总电压范围为1.4伏特，这正是我们通常讲到的10∶4视频系统的原型，其中的10指的是图像信号，4指的是同步信号，即图像信号电压范围与同步信号电压范围之比为10∶4。后来视频信号总电压范围从1.4伏特压缩到1伏特之内，这样做的目的是为了适应原有非复合视频信号的1伏特电压范围。据此，在1伏特总电压范围之内，图像信号电压为10/14≈0.714伏特，而同步信号电压为4/14≈0.285伏特。

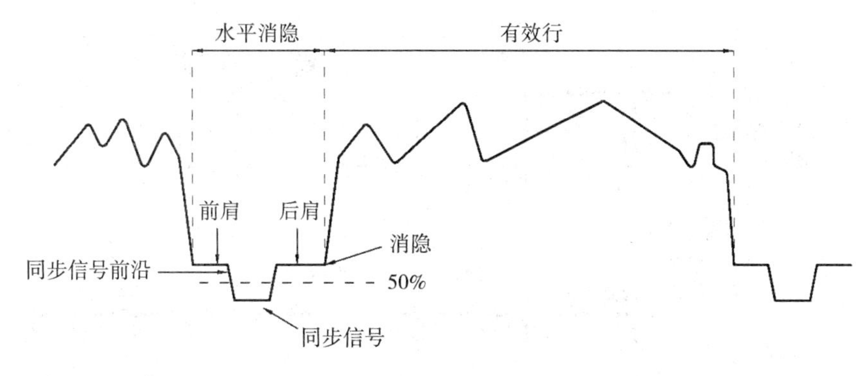

图4-10 行扫描周期的波形示意图

0.714是一个很特殊的数字，也不便于记忆，出于简化的目的，无线电工程师协会（Institute of Radio Engineers，简称IRE）制定了一个新的电压单位IRE，规定1个IRE单位表示整体亮度电压的百分之一，在10∶4系统中，100 IRE=0.714V。如图4-9c，图像信号中最亮的部分为100 IRE，而0 IRE则代表黑，同步信号的凹槽最低电压为-40 IRE，整体视频信号最低到最高电压范围变化是140 IRE。

图4-10为一个行扫描周期的波形示意图。波形中与行正程扫描相对应的是有效图像信息，这一部分的电压代表图像亮度。在两段有效图像信息之间是与行逆程扫描相对应的行消隐阶段，这一段信号电压处于“黑电平”或者比黑还要低的位置。消隐脉冲的宽度理论上应等于行逆程扫描时间，但在实际应用中，为了确保彻底消除逆程痕迹，消隐脉冲的宽度要大于逆程扫描时间。我们将紧随亮度信号的消隐部分称为前肩，紧随前肩的是同步脉冲的前沿，行同步信号是前沿触发的，当同步脉冲的电压变化超过其自身幅度的50%时，驱动电子束逆程扫描的脉冲开始发生，电子束开始返回。紧随同步脉冲的是消隐信号的后肩，在后肩阶段，电子束仍然截止。值得注意的是，同步脉冲的前沿和后沿均不是垂直的，而是具有一定的倾斜角度，因为垂直的电压突变需要更高的传输带宽。

由于场逆程扫描的时间比行逆程扫描的时间要长很多，同时场同步信号又必须包含行同步信号，所以相比行同步，场同步更为复杂。场同步信号和行同步信号的电压幅度是相同的，那么如何区分二者呢？由于场同步脉冲比行同步脉冲宽很多，根据这一特点，在实际应用中通过微分与积分电路，将脉冲信号的宽度转化为电压变化幅度，宽度较窄的行同步脉冲经过转化后变化幅度较低，而较宽的场同步脉冲经转化后变化幅度较高，通过转化后的电压幅度即可区分行与场同步脉冲。

图4-11a为场同步信号与行同步信号示意图。图中较宽的凹槽代表场同步信号，较窄的凹槽代表行同步信号。在接收端，行同步信号经过微分电路处理之后，形成如图4-11b所示的尖峰脉冲，此尖峰脉冲用来触发行逆程扫描，即当尖峰脉冲出现后，

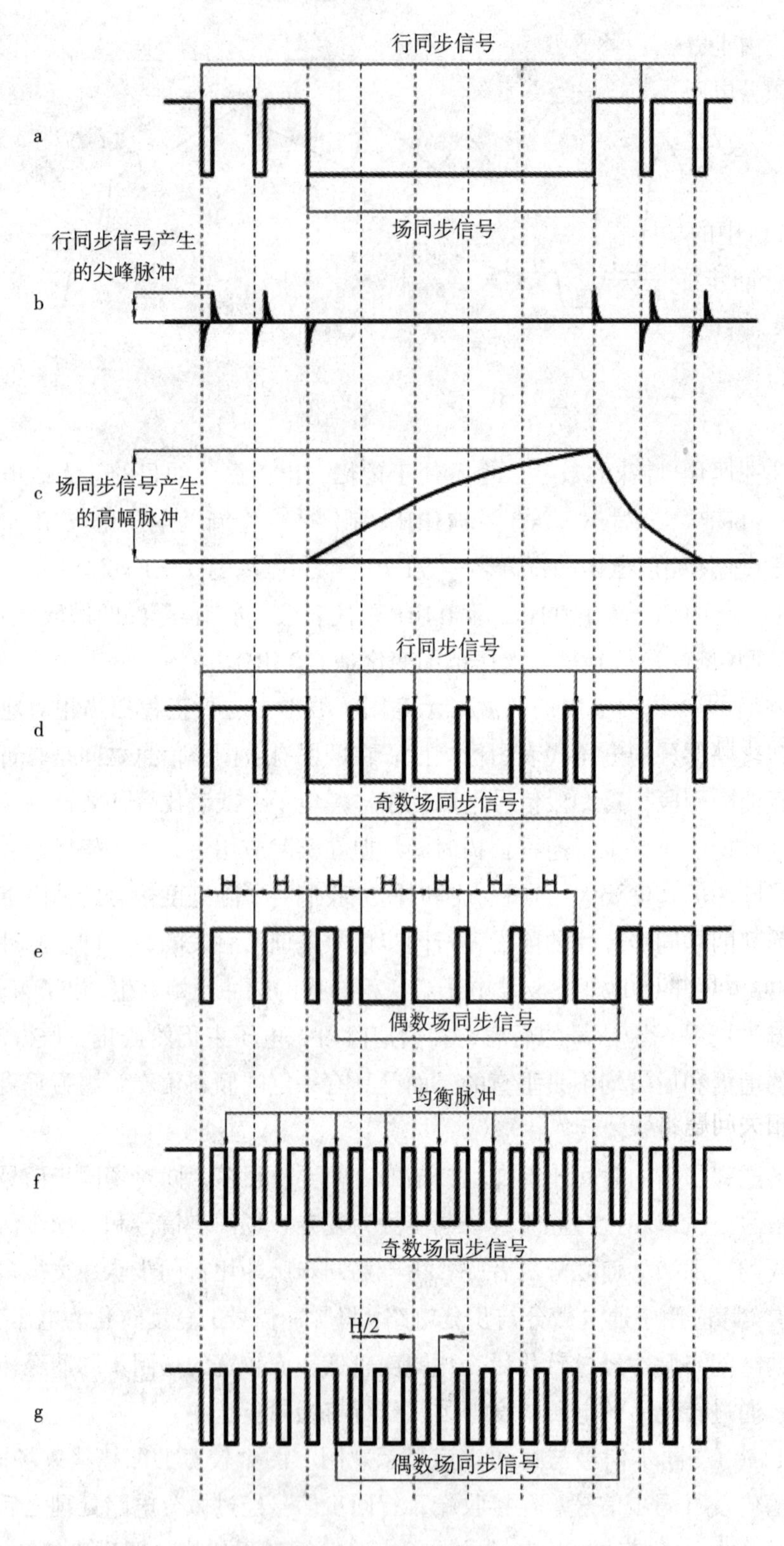

行同步信号
a
场同步信号
行同步信号产生
的尖峰脉冲
b
c
场同步信号产生
的高幅脉冲
行同步信号
d
奇数场同步信号
H
e
偶数场同步信号
均衡脉冲
f
奇数场同步信号
H/2
g
偶数场同步信号

图4-11　场同步脉冲

行驱动电流由上升状态转为下降状态，电子束截止，同时开始逆程扫描。而场同步信号需要用积分电路进行处理，由于场同步信号比行同步信号时间长，经积分电路之后，所产生的电压变化幅度更高，当电压达到一定的阈值时，场逆程扫描被触发，如图4-11c所示。

图4-11a中的场同步信号并没有包含行同步信号，在实际情况中会造成场逆程扫描过程中行同步的错误，所以必须在场同步脉冲中加入行同步脉冲，如图4-11d和4-11e所示，此时的行同步脉冲方向与场正程扫描过程中的行同步脉冲方向正好相反，形态上相当于在场脉冲内部做了一些凹槽，我们将带有行同步脉冲的场同步脉冲称为开槽场脉冲。开槽场脉冲中的“开槽”就是场逆程扫描过程中的行同步脉冲。有了开槽场脉冲，即使在场逆程扫描过程中，收发端也可以做到完全的同步。

此外，由于隔行扫描两场之间的行同步脉冲都相差半行，即两场之间的行扫描起始位置相差半行，会造成两场之间场同步脉冲积分后的差异，这一差异会降低扫描精确性和垂直分辨率。为了解决这个问题，需要在场同步脉冲内及其前后一段时间内，加入新的脉冲，将行同步脉冲的频率提高一倍，这样就使得两场的场同步脉冲更加均衡，经积分后的波形相同，保证了两场同步的一致性，如图4-11f和4-11g所示。为了提高行同步脉冲而加入的脉冲称为均衡脉冲，顾名思义，它的作用就是确保两场之间场同步脉冲的均衡性。

在将模拟视频信号转化为数字视频信号的过程中，并不是简单地将模拟视频信号中的图像及同步信息一同进行模数转换，原因是数字化后的同步信息会占用更多的带宽资源。实际的处理方法是利用模拟信号中的同步脉冲转换为数字信号中的同步基准信号（timing reference signals，简称TRS）。TRS是数字视频中专门用来描述同步及时间信息的特殊代码。在模拟视频信号中，图像信号和同步信号是由不同的电压范围区分的，而数字视频信号中的同步基准信号则由特定位置的专用代码表示，关于同步基准信号的相关问题将在第六章中进行讨论。

第5章 模拟与数字

我们今天处在数字时代，无数的信息以数字的形式存在，从我们的个人身份信息到声音、图像信息，均可用数字进行描述、处理。信息的数字化不仅提高了信息的处理效率，也完善了信息的处理方式，拓展了信息的传播范围，增强了信息传播的准确性，同时也方便了海量信息的保存与管理。信息的数字化使人类发展从后工业时代进入了真正的信息时代。

模拟视频技术始于20世纪50年代，在随后的30年间里，模拟技术一直占据主导地位。从20世纪70年代开始，随着大规模集成电路、半导体存储技术以及计算机技术的发展，数字技术逐渐应用于视频领域。从模拟技术到数字技术的转变是一个渐进的过程，由于成本限制，数字技术最先出现在专业领域，比如数字特效、字幕机、数字化比例较高的数字演播室等。随着技术的进一步发展，使得元器件生产及研发成本降低，数字设备开始进入家庭，如数字录像机、VCD播放机、DVD播放机、蓝光播放机、家用DV摄像机以及数字电视等。目前，在专业领域，模拟技术几乎绝迹，仅部分存在于民用领域。

在电影领域，导演乔治·卢卡斯（George Lucas）于2000年高调宣布“星战前传三部曲”中的第二部《克隆人的进攻》（*Star Wars*：*Episode* 2：*Attack of the Clones*）将放弃胶片而全部采用数字电影摄影机拍摄，当时采用的是CineAlta HDW-F900数字摄影机，该机是由索尼与潘那维申公司共同研发的。该片于2002年公映，由于导演及影片的影响力巨大，它的成功极大地推动了电影拍摄阶段的数字化进程。世界上最先公映的全部采用数字摄影机拍摄的影片也是一部科幻电影，片名为《夺面解码》（*Vidocq*），公映时间为2001年，采用的同样是CineAlta HDW-F900数字摄影机。

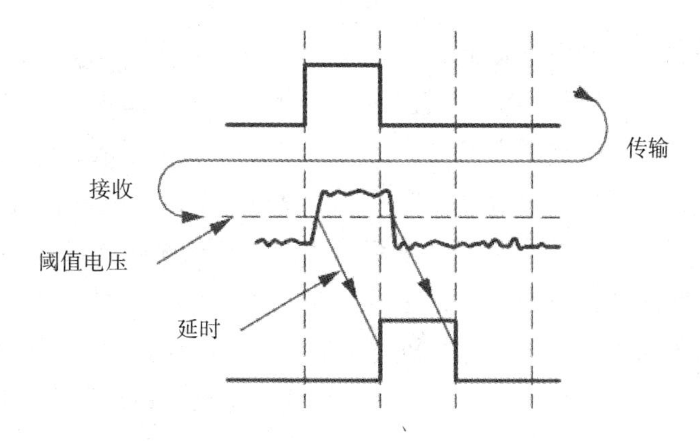

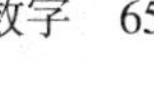

图5–1 数字信号的抗干扰能力优于模拟信号

实际上，在数字摄影机出现之前早已存在的数字中间片（digital intermediate）技术，就是电影制作数字化的重要手段。其主要方法是将胶片影像转换为数字影像，从而在数字环境下对其进行剪辑、调色以及特效制作等处理，以提高影片的制作效率，完成传统技术所不可能完成的工作。

数字信号的优势之一是具有非常强的抗干扰和抗衰减能力。信号在传输的过程中很容易受到各种干扰，同时随着传输距离的增加，信号的衰减程度也会随之增加。对于模拟信号，这种干扰和衰减是难以修复的，它们会成为信号的一部分，对信号质量造成巨大的影响。数字信号的抗干扰和抗衰减的能力要明显优于模拟信号，数字信号只有0和1两种状态，即使在传输过程中受到干扰，接收方只要能够判断出其绝对状态，就可以对其进行识别并加以修复。如图5–1，数字接收系统可以通过对信号电压的分析，判断其具体0和1的状态，从而进行识别并加以修复，当然这种修复本身需要一定的延时。理论上讲，数字信号可以没有任何损失地进行传输或存储，而模拟信号经过每一次传输或存储都会造成损失。一部影片在模拟磁带之间经过多次转录之后，影像质量会大幅度下降，情况严重的甚至无法辨认其内容，而如果采用数字技术，每一次存储或传输均不会对其影像质量造成任何损失。从绝对意义上讲，世界上不存在两盘内容完全相同的模拟磁带，而内容一样的数字磁带比比皆是。

20世纪80年代，数字视频技术的发展正处在初期阶段，当时很多人悲观地认为数字技术不可能大范围地推广，因为在当时的条件下，传输或储存同样质量的视频影像，数字方式比模拟方式需要更高的传输速度和更大的存储空间。这种认识一度导致了模拟视频技术的进一步演变，出现于80年代的HD–MAC和D2–MAC等标准试图使模拟视频具备更高的分辨率以及16：9的宽高比，我们今天看到这些标准的名称时已经感到非常陌生，因为数字技术最终取得了成功。数字技术大获全胜的关键在于压缩技术的发展，可以毫不夸张地讲，没有压缩技术，就没有数字视频技术的今天。压缩技术的出现使得数字视频的传输及存储效率远超模拟技术，利用原有的一个标清模拟电视频道，可传输6至8套DVD质量或15至18套VCD质量的数字电视节目。同时，数字技术也促进了新的传输及存储技术的发展，比如光纤传输技术和半导体存储技术等。传输及存储技术的发展反过来又促进数字视频技术的发展，形成了一种互动的关系。比如今天在数字电影摄影领域，人们又反过来追求无压缩视频影像的超高质量，多种无压缩存储系统在市场上出现，这不能不归功于半导体存储器的快速发展。

同时，随着数字视频技术及计算机技术的发展，使得我们可以对数字视频图像进行更多样、复杂的处理，例如剪辑、合成、调色、降噪、锐化、影片修复等等，这些工作在模拟系统中是难以完成或者根本无法完成的。

5.1 从模拟到数字

自然界中所有的信息都是以模拟的形式存在的，我们看到的一天之内光线色彩与强弱的变化，我们听到的各种声音大小与频率的变化，都是时时刻刻连续发生的。人的眼睛与耳朵只能识别模拟量，所谓模拟量是指在一定范围内连续变化的变量。在自然界中不存在数字信息，数字信息完全是人类发明创造出来的，数字信息本质上讲也是一种变量的变化，只不过此变量只有两个值，0和1。简单地讲，用0和1这两个数字来形容各种信息的方法就叫做信息的数字化。模拟信号与数字信号的最主要区别是，前者是连续的，而后者是离散的。

对于视频信号，不论是模拟的还是数字的，它们都是一种波动的电压变化，可以将图像从一个地方传送到另一个地方。人眼在观看这个世界的时候，视网膜上呈现的是两个维度的影像，如果再考虑运动，还需要再加上时间这第三个维度。但是视频信号本身只具有两个维度，第一个维度是电压的高低，第二个维度则是时间。第四章所讨论的扫描技术本质上是一种利用二维的电信号记录、传输三维视频动态影像的方法。

如图5-2a所示，假设在行扫描过程中某一点（S_1）的亮度正好是最大亮度的一半，如果使用模拟视频信号表示该点的亮度，其电压值应该是50 IRE，即50IRE × 0.714/100=0.357伏特，即视频信号发射端在扫描过此点时所发出的信号电压值为0.357伏特，当视频接收设备收到这一点的电压之后，会根据此电压在显示器上与该点相对应的位置显示出相应的亮度，即50%亮度。如果收发端的所有像素点的位置都是一一对应的话，图像就可以得到正确的还原。

如图5-2b所示，如果使用并行数字信号表示该点（S_1）的亮度，假设数字信号的位深为4比特，则需要4条信息通道来传递此点的亮度，4比特最大亮度的50%用二

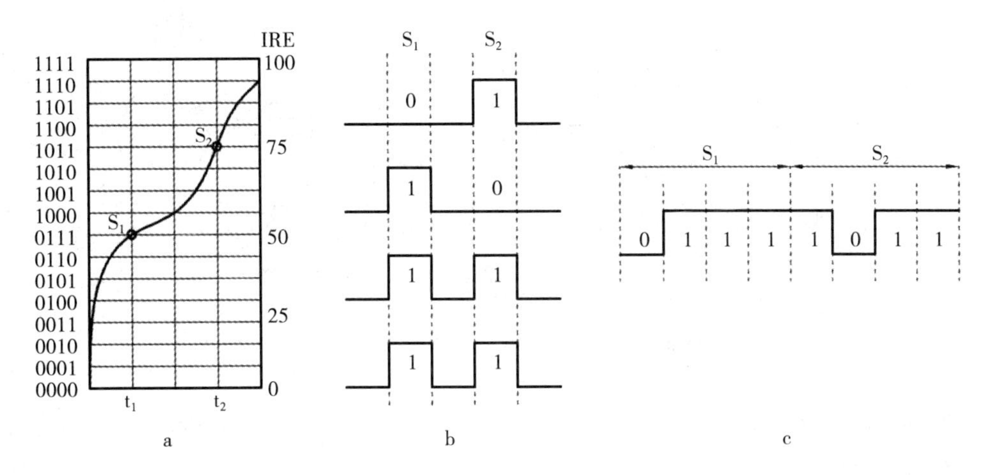

图5-2 模拟信号、并行数字信号与串行数字信号

进制表示是0111，用十进制表示为2^3=8，而4比特最大亮度则为2^4=16。4条信道中前3条信道传递的信息均为“1”，而第4条信道传递的信息则为“0”。

对于并行数字传输，对信息进行量化的位数就是所需要的信道数量，对于上面的例子，量化位数为4比特，那么就需要4条信道，如果量化位数为8比特，则需要8条信道，过多的信道数量显然会对信息的传输造成很大麻烦。如果使用串行数字传输，将多个信道的信息集中于一条信道，则可以精简传输信道，这正是实际情况中采用的方式。如图5-2c，将图b中的4位数据在一条信道中按时间顺序先后传送，这样就可将并行传输转换为串行传输。同样，对于采样点S_2，其电压为75 IRE，用4比特数字信号表示为1011。在数字并行传输系统中S_1与S_2两个采样点信息通过4条信息通道依次传输，如图5-2b所示；在数字串行传输系统中，信号的每一位按照先后顺序在同一信道内依次传输，如图5-2c所示。

在数字摄影机内部，感光器件CCD将光强度转换为电量，这里需要注意的是，CCD输出的电量仍然是一个模拟量。光电转换的本质是两种模拟量之间的转换，后续电路需要将电量转换为电压并加以放大，然后对得到的模拟电压信号进行数字转换，也就是我们通常所说的A/D转换，其中A为模拟（analog）的缩写，D为数字（digital）的缩写。A/D转换任务由模数转换器完成，其英文简称是ADC（analog to digital converter）。模拟电压信号经过ADC转换为并行数字信号，再经过一系列处理最终转换成串行数字信号并送出数字摄影机。

在数字视频信号的接收端，系统首先要将串行的数字信号转换成并行的数字信号，也就是做“串转并”的处理，再经过一系列其他处理，在最终显示之前，系统还要将并行的数字信号通过数模转换器DAC（digital to analog converter）转换成模拟信号，也就是做D/A转换。因为目前绝大多数显示技术（如CRT、液晶等）只能将模拟的电

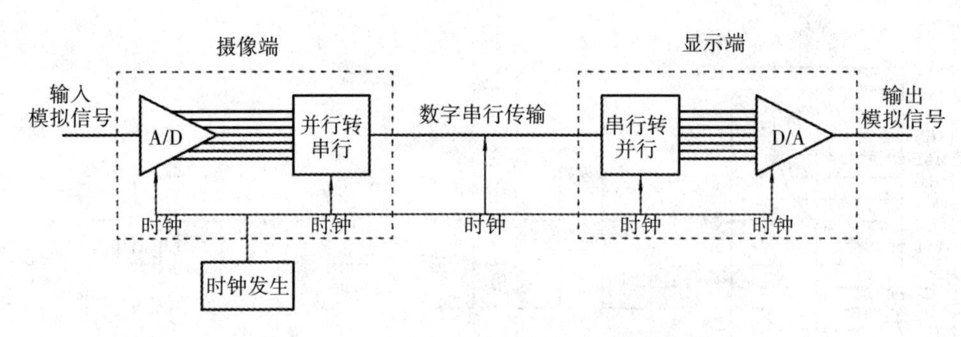

图5-3 数字视频系统信号处理示意图

压信号转换为模拟的亮度信号。DLP技术较为独特，它直接显示数字信号，我们将在第十章中重点介绍。

根据以上分析可以得知，在一套完整的数字视频系统中，视频图像只有在最初获取和最终显示这一前一后两个阶段内是以模拟的形式存在的，在中间的处理、传输以及储存等阶段始终以数字的形式存在，如图5-3所示。

5.2 信号与噪声

5.2.1 分 贝

在介绍信号与噪声的关系之前，必须将分贝（decibel）这一概念阐述清楚。我们经常在声学、电子学以及信号等领域中使用到分贝，在信号领域，信号的增益、衰减和信噪比等都用分贝来表示。我们可以使用分贝将非常大的或者非常小的数字以简单的方式表达，也可以将物理量之间的乘除运算简化为加减运算。

在日常生活和工作中离不开自然计数法，但在一些自然科学和工程计算中，对物理量的描述往往采用对数计数法，从本质上讲是由于它们符合人的心理感受特性。在一定的刺激范围内，当物理刺激量呈指数变化时，人的心理感受是呈线性变化的。实际上，人的感官同时具备对宽广范围刺激的适应性和对微弱刺激的精细分辨能力这两种特性，比如在环境光线非常微弱的情况下，人眼感觉烛光是很明亮的，但是在正午太阳直射的条件下，我们甚至不能分辨蜡烛是否点燃。正午阳光的强度是烛光强度的几十万倍，我们既能在暗环境下清晰地分辨烛光的微弱变化，又能适应强烈的阳光。

我们将10∶1的比例称为1贝尔，这是以电话的发明者贝尔（Alexander Graham Bell，1847—1922）命名的。10∶1是一个比较高的比例，后来又在前面加了“分”字，代表十分之一，一分贝等于十分之一贝尔，1分贝相当于$10^{0.1}$，约为1.259倍。分贝可

用如下公式表示:

$$m=10\log\frac{p_2}{p_1}(dB) \quad (公式5.1)$$

公式5.1中的m为分贝，P_1和P_2分别表示同一物理量的不同能量强度。分贝实际上是能量或功率比值的对数计数法，根据上述公式可以得出，物理量的能量或功率每增加1倍，分贝值会增加3.01dB，约等于3dB。同样可得出，如果功率增加10倍，分贝值会增加10dB。

用分贝表示信号功率的衰减也同样有效，假设已知某种信号经过100米长的电缆传输后，其功率衰减到原来的1/4，即0.25倍，分贝值降低6dB，表示为–6dB。那么该信号经过1000米的电缆传输后，其功率衰减以分贝值表示是–6dB × 10=–60dB。这个例子就可以看出对数计数法的好处，否则我们只能用$0.25^{10}\approx0.0000009537$来表示其衰减程度了。

分贝表示的是功率的比值，我们知道，在电阻一定的情况下，功率与电压的平方成正比，也就是说如果两个电压的比值为2的时候，其功率比值是$2^2=4$，所以如果利用电压来定义分贝的话，公式5.1需表示成:

$$m=10\log\left(\frac{V_1}{V_2}\right)^2(dB) \quad (公式5.2)$$

即

$$m=20\log\frac{V_1}{V_2}(dB) \quad (公式5.3)$$

在我们计算分贝的时候，如果已知的是功率、能量等条件，那么就使用公式5.1；如果已知的是电压、振幅等条件，则使用公式5.3。

5.2.2 信噪比与感光度

信噪比是信号处理技术中一个非常重要的概念。信噪比中的“信”指信号本身，是有用部分;“噪”指由外界干扰或设备自身因素而产生的噪声，信号传输过程中的各种干扰，或者设备发热都可产生噪声，而且这些噪声与信号本身无关，即噪声的功率不以有效信号的强弱而变化，对于固定的系统，噪声的功率一般是恒定的。信噪比指的是信号与噪声功率的比值，信噪比越高，信号中的有用成分越多，噪声越少，说明信号的质量越好；相反，信噪比越低，信号中的噪声越多，说明信号质量越差。

从图5–4中可以清晰地分辨出信号与噪声。图5–5是数字摄影机拍摄的测试图亮部与暗部噪波水平的比较。提高信噪比有两种方法，一是增加信号本身的幅度，比如

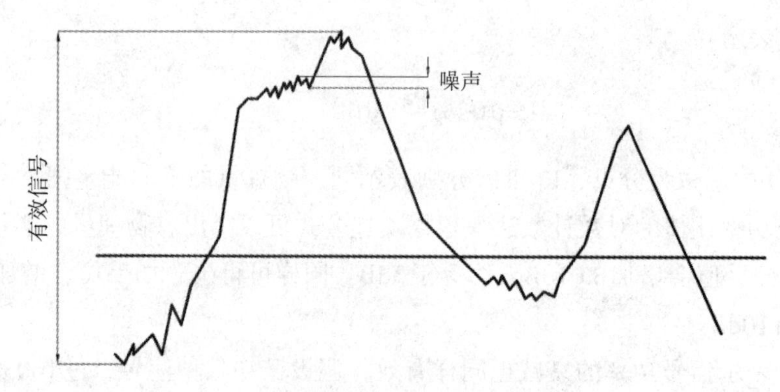

图5–4 有效信号与噪声

我们在使用数字摄影机拍摄时，会发现画面亮部的噪波要明显小于暗部的噪波，而且噪波总是从暗部最先产生，这主要是因为，场景亮度越低，视频信号的电压越低（模拟信号),而噪声的功率是一定的,所以亮部的信噪比要低于暗部。为了提高画面质量，减少画面中的噪波，可以采取增加曝光量的方式，以提高信噪比。

提高曝光量的方法在实际拍摄过程中不一定总是可行的，数字摄影机对高光部分信号的切割十分坚决，只要大于某一数值的曝光会全部被“屏蔽”掉，造成画面上高光部分一片“死白”，没有层次。因此，降低摄影系统自身产生的噪声是提高信噪比最有效的手段。

在现有技术条件下，数字摄影机噪声产生的主要来源是感光元件CCD或CMOS。我们知道，CCD或CMOS产生的模拟信号要先经过放大然后进行模数转换变为数字信号，数字信号的抗干扰能力极强，其存储、传输以及各种处理一般不会对信噪比造成影响，所以噪声主要产生于模数转换之前这一阶段。感光元件在此阶段对噪声的“贡献”是最大的，其本身的性能一定程度上决定了整个数字摄影系统的信噪比。

在本节的讨论中我们仍然沿用胶片的感光度这个概念。感光度又称为胶片速度，指感光材料产生光化作用的能力，以规定基准密度的相应曝光量的倒数度量。通俗来讲，就是预先规定一个基准密度，以达到这个密度所需要的曝光量的倒数作为感光度，那么，达到规定密度所需的曝光量越小，感光度就越高。

专业人士仍然习惯沿用“感光度”这个概念来描述数字摄影机的类似性能。电子感光元件“曝光”的过程实际就是进行光电转换的过程，将光能转换为电荷，电荷的数量取决于曝光量。我们可以将电荷的数量与胶片的密度加以比较，它们都是在一定范围内与曝光量线性相关的，是否可以将电荷视为胶片的密度，使用电荷数量来定义数字摄影机的感光度呢？二者虽然具有相同的性质，但是电荷转瞬即逝，而且无法测量，所以数字摄影机的感光度没有使用电荷这个概念。

实际上，对数字摄影机感光度进行定义的方法有很多，这里着重介绍利用信噪比

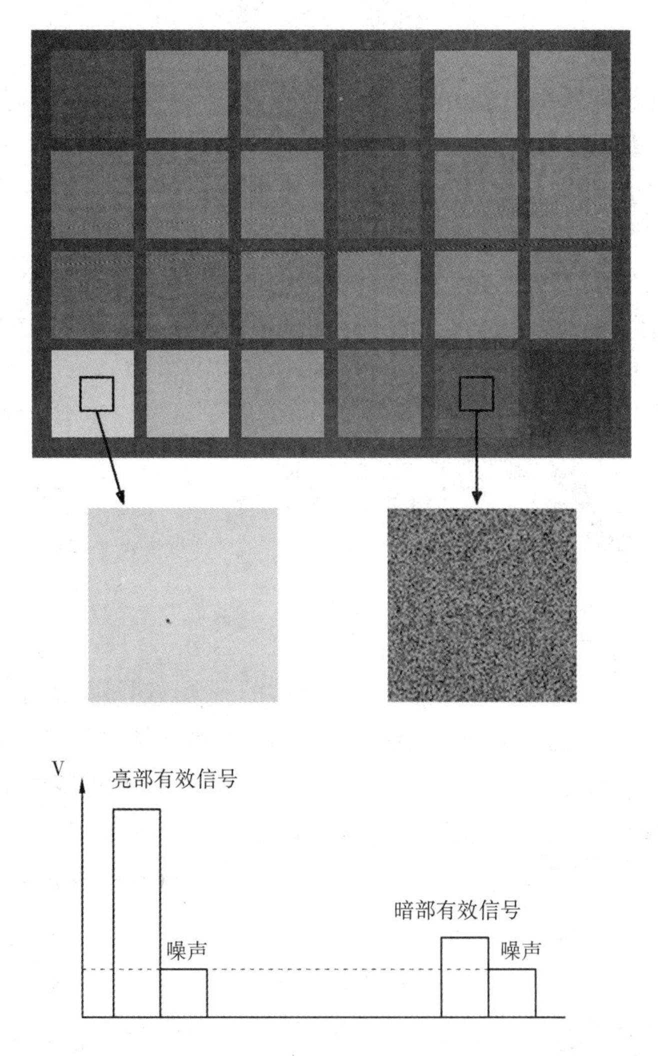

图5–5　视频画面中暗部的信噪比小于亮部的信噪比

的定义方法，以此理解数字摄影机感光度的本质。采用CCD或CMOS作为感光元件的数字摄影机首先都会将电荷转化为电压，然后对电压进行放大，而噪声的产生主要出现在电荷积累过程以及电荷到电压的转换过程中，所以噪声会在电压放大过程中随信号一同放大。一般认为曝光量与电荷的积累数量成正比，而与噪声的绝对水平无关。假设世界上存在一种不产生噪声的CCD或CMOS，我们就可以做出感光度无限高的数字摄影机，因为即使仅产生极其微弱的电荷，我们也可以将其转换放大为可用信息，但这仅仅是一种假设。在实际系统中，信号总是伴随着噪声，感光度要根据信噪比要求来确定。比如，作为民用低端的数码相机，某厂家可能认为相机的信噪比达到40dB即可接受，在信噪比仅为40dB时，其感光度可高达ISO 6400；假设另一个专业厂家也生产完全一样的相机，他们认为信噪比必须达到49dB才能满足专业用户的需求，那么该厂家只能将最大感光度设定为ISO 800，因为感光度一旦超过ISO 800，信噪比就会低于49dB的要求。所以我们在了解数字摄影系统的感光度时，不能只看厂家的感光度标称值，同时也要看在达到某一感光度时的信噪比水平，往往厂家在宣传时并不强调信噪比，但是一般可以在产品宣传手册上查询到。

数字摄影机的感光度与信噪比高度相关，信噪比决定了最大感光度。目前，许多数字摄影机的感光度是可调节的，在高感光度时所获得的信噪比较低，影像的噪波更为明显，所以在条件允许的情况下，应尽量使用较低的感光度以获得更优的影像质量。此外，在数字领域，感光度也称为灵敏度。

5.3 傅里叶变换

5.3.1 时域与频域

时域与频域是我们进行信号研究时必须掌握的概念。时域是描述物理量变化与时间的关系，信号的时域波形可以表达信号随着时间的变化情况。在研究视频信号时经常使用的波形图就属于时域范畴，因为波形是随着时间的变化而变化的。图5-6a和图5-6b是两个不同频率的正弦信号在时域中的波形图，图中的横坐标表示的是时间，纵坐标则表示该正弦信号在某一时刻的具体电压值。时域可以理解为我们所处的真实世界，因为一切事物都随着时间的流逝而变化。

频域是一个更加抽象的概念，频域考虑的不是信号与时间的关系，而是信号本身所处的频率范围。在频域图中，横坐标表示的是频率，纵坐标表示的是信号在某一频率的幅度。实际上，我们经常接触到的频谱图就是频域图。时域是唯一客观存在的域，频域不是真实的，而是一个数学概念。如图5-6，其中图c是图a和图b中的正弦信号的频域图，由于正弦信号的频率是一个实数，在频域图中只占据某一特定频率，所以我们看到的只是一条谱线，谱线与横轴的交点是该正弦波的频率，谱线的长度则代表该正弦波的幅度。从图5-6c中可以看出，频率为F_1的正弦波的频率和幅度均大于频率为F_0的正弦波。

我们经常收听的无线广播信号有两种调制方式，一种是调幅（amplitude modulation，简称AM）广播，另一种是调频（frequency modulation，简称FM）广播。由于高频信号可以进行远距离的传输，利用低频（音频）调制信号对高频载波进行调制，然后将其发射出去，在接收端将其解调制，将有用的音频提取出来，就实现了声音的无线传输。其中调幅是用调制信号改变高频载波的震荡幅度，而调频是用调制信号改变载波的频

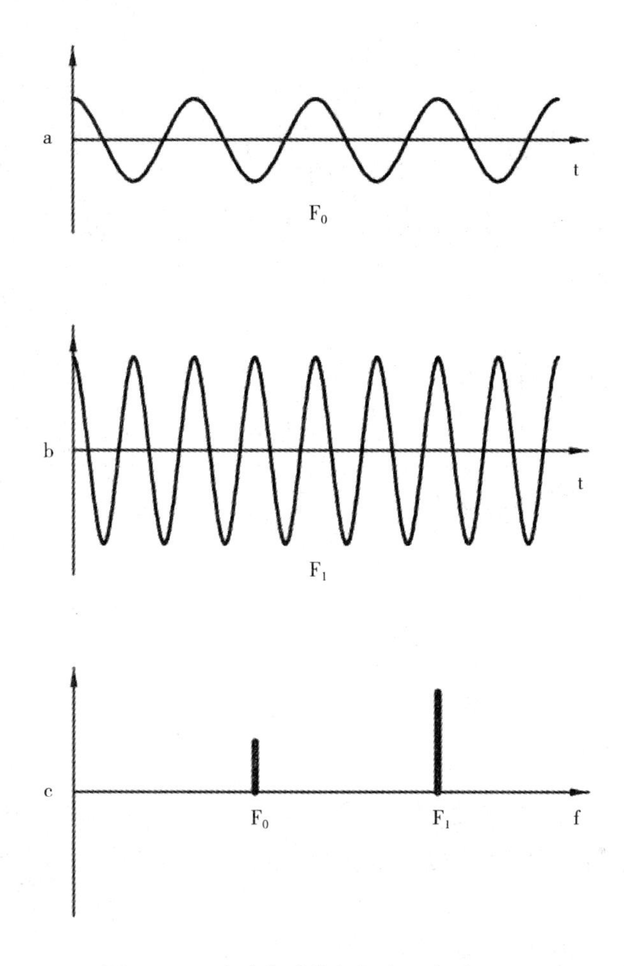

图5-6　正弦波的时域与频域示意图

率。由于调频方式较为直观，这里以调频方式为例，进一步说明时域与频域的概念。

无线广播中使用的高频载波为正弦波，所以其时域波形图与图 5-6a 或图 5-6b 一致，频域图与图 5-6c 一致。采用调频方式对其进行调制后，高频载波的频率发生变化，如图 5-7a，原来均匀的正弦波的疏密发生了变化，说明载波的频率发生了变化，这时其频域图如图 5-7b，在频域图中载波的频谱由原来的单一频率扩展成一个频率范围。

所以，对于同一信号，我们可以在时域与频域两个空间中分析，在时域中可以了解信号随时间变化的规律，在频域中可以了解信号的频率成分。我们可以利用数学方法将信号在频域与时域之间相互转换，傅里叶变换（Fourier transform）无疑是各种变换方法中最重要的也是最常用的。

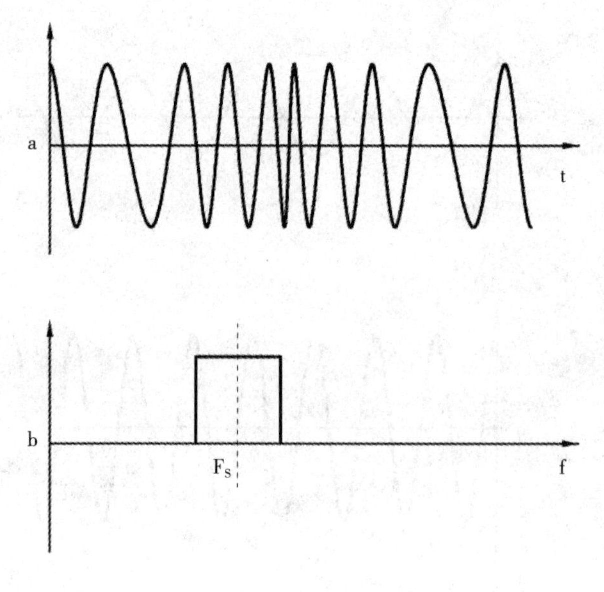

图5-7 调频后的正弦波的时域与频域图

5.3.2 傅里叶变换

在介绍采样与量化概念之前，让我们首先了解一下傅里叶变换的概念。傅里叶变换能将满足一定条件的某个函数表示成三角函数（正弦或余弦函数）或者它们的积分的线性组合。这个定义略显复杂，在研究信号时，可以将此定义简化成：任何复杂信号都可以表示为一系列频率不同、幅度不等、相位不同的正弦信号之和。如图5-8所示，图中的方波可由一组不同频率的正弦波混合而成，图中只列举了7个正弦波相加的结果，实际上，叠加的正弦波越多，与方波的波形越接近。

图5-9是方波的时域与频域图，一个周期性方波信号在频域中为一系列离散的谱线。需要强调的是，频域中的每一条谱线代表时域中的某一个频率的正弦波，或者说频域中的频率指的是原信号正弦波分量的频率。

傅里叶变换分为连续傅里叶变换、离散傅里叶变换和快速傅里叶变换等几种类型，它们在原理上都是一样的，只是应用范围不同而已。一般情况下，我们经常提到的是连续傅里叶变换，在信号处理中使用更多的是离散傅里叶变换。这里，我们需要关注离散傅里叶变换的几点结论，以便于我们对信号的分析：

（1）如果信号在频域是离散的，则该信号在时域就表示为周期性的时间函数。

（2）相反，如果信号在时域上是离散的，则该信号在频域中必然表现为周期性的频率函数。

由以上两点可知，如果时域信号是离散的，同时也是周期性的，则该信号在频

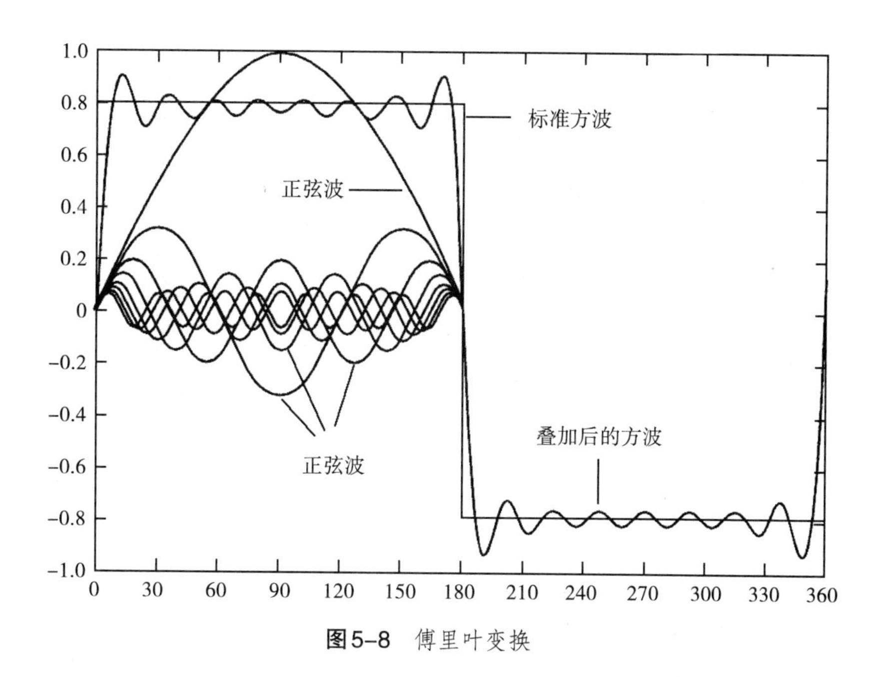

图5–8　傅里叶变换

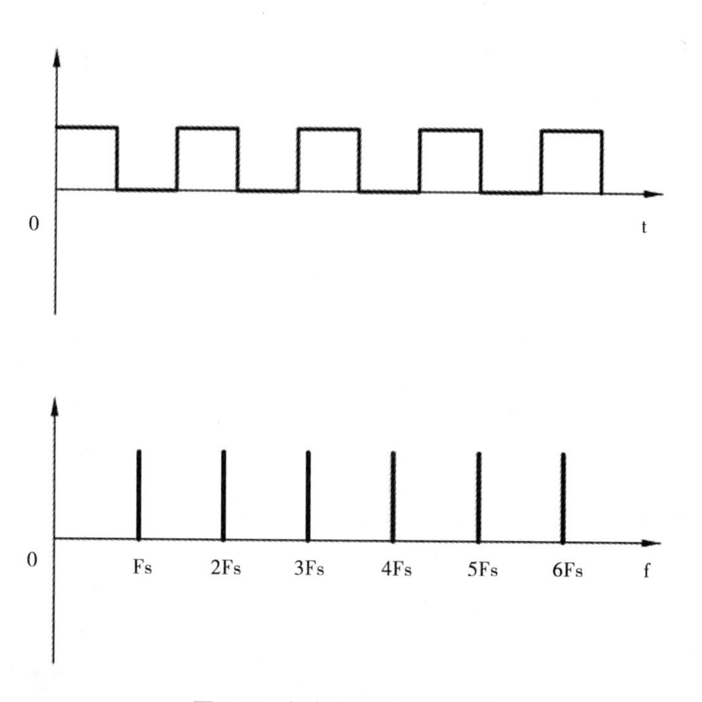

图5–9　方波的时域与频域图

域中必然表现为周期性的离散频率函数。反之亦然，如果频域函数是离散的，同时也是周期性的，则该信号在时域中必然是周期性的离散信号。前例中的方波符合以上结论。

如果时域信号是周期性的，其频谱必然是离散的，那么在频谱中频率最低的那条谱线所代表的正弦波分量称为基波。对应的频率称为基本频率。其他谱线的频率都是基本频率的整倍数，其正弦波分量称为谐波。在周期性方波的频谱中，最左边的一条谱线所在频率就是该方波基波的频率，图5-9中以Fs表示，其他谱线代表谐波频率。声音中的基音与泛音就是基波与谐波。

5.4 采样与量化

5.4.1 采样与量化

模拟信号必须经过采样与量化才能转换为数字信号，采样与量化是模数转换的两个基本步骤，都发生在时间域。

采样（sampling）又叫取样，指的是以特定的时间间隔对连续变化的事物进行测量，比如在汛期每隔一小时测量一次河水的水位，我国建国以来每隔几年进行一次全国范围的人口普查，都可以称之为采样。

对模拟信号的采样是以固定的时间间隔对连续变化的电压进行测量，单位时间内的测量次数称为采样频率（sampling rate），采样频率的单位通常是赫兹（Hz），即一秒钟内的采样次数。采样频率越高，所得到的“样本”就越多，最终模数转换的结果就越精确，同时，随着采样频率的增加，所需要处理的信息也会增加，对设备处理速度、存储容量以及传输带宽的要求也就越高。

如图5-10a和b，对模拟信号的采样是用一系列离散的值来描述连续变化的值，其本质是在时间上对信号进行从连续到离散的转换。

对模拟信号采样之后，需要对其进行量化（quantizing）处理。

日常生活中的量化，是指用数字对事物进行具体描述，比如对某电影制片厂生产任务进行量化，要求今年完成8部影片的摄制任务。

采样获得的信号在幅度上仍可视为连续的，量化就是将采样获得的信号在幅度上分为若干相邻的区间，凡落在某区间的采样信号值都指定为该区间量值的过程。如图5-10d，在量化过程中将整体电压变化范围分成8个区间，然后判断模拟信号经采样后获得的电压值具体属于哪一区间，该区间所代表的电压值就是最终的量化值。

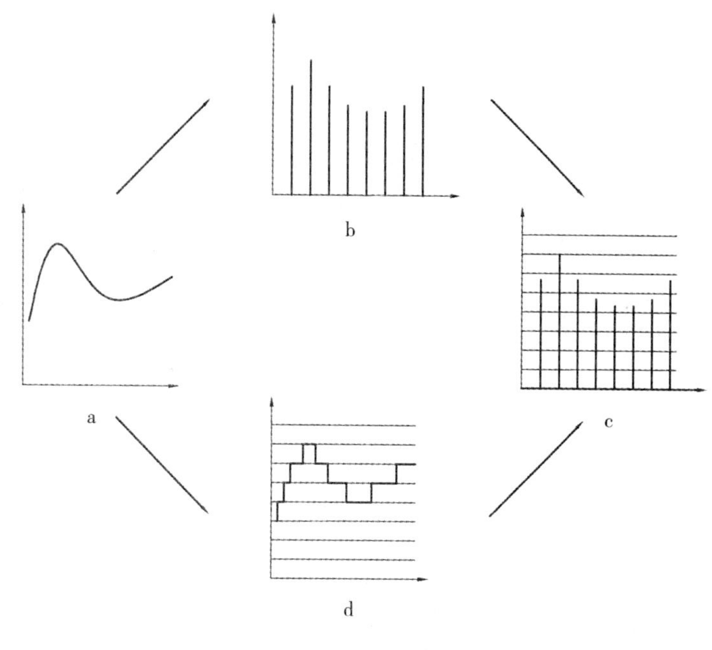

图5-10　采样与量化

可见，量化的过程本质上是将模拟量在幅度上进行离散化。

模拟信号本身在时间和幅度上都是连续变化的，经过采样和量化之后，均成为离散的。

量化过程中所划分的区间数量称为量化级（quantitative level），俗称量化位深，单位通常为比特。图 5-10d 中有 8 个量化区间，其量化位深为 3 比特（2^3=8）。量化级数越高，所划分的区间就越多，量化精度就越高，同时，对设备性能的要求也就越高。

在视频系统中，亮度信号（或色彩信号）的量化级根据标准、制式的不同，一般有 8 比特、10 比特、12 比特、14 比特以及 16 比特几种，其中民用系统大多为 8 比特，专业系统大量采用的是 10 比特，这些主要指其传输及存储信号的量化级。有一些数字摄影机在其内部处理过程中，量化级可达 14 比特或 16 比特。

采样与量化是两个相对独立的过程，在模数转换过程中二者可以是任意的顺序，不论是先进行采样还是先进行量化，其结果都是一样的，如图 5-10c，首先对模拟信号进行量化，然后再对其采样，可以得到相同的结果。

5.4.2 采样频率与混叠

前文已经论述过，采样是对连续变化的信息进行周期性测量。单位时间内的测量次数称为采样频率。理论上，采样频率当然是越大越好，但是由于成本、技术水平等

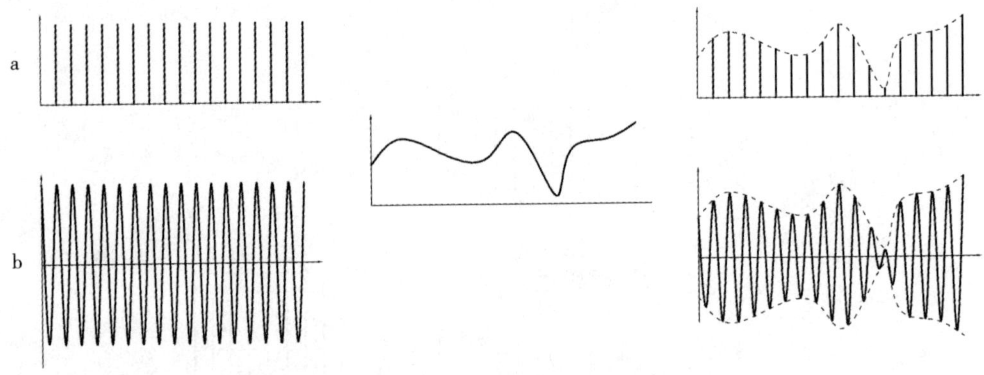

图5-11 采样与调幅

因素的限制，实际情况不允许我们无限制地提高采样频率。对于不同的信号，如何确定采样率，是一个必须要解决的问题。

在模数转换的过程中，采样是利用连续的模拟信号对周期性脉冲序列进行调制完成的，这个过程与模拟概念中的调幅（AM）概念非常类似，二者都是以连续的调制信号对高频载波或者脉冲序列的幅度进行调制的方法，二者的区别是，调幅的载波是连续的正弦波，而采样所使用的“载波”是离散的周期性脉冲序列。如图5-11，图a是数模转换过程中使用模拟信号对脉冲序列进行调制，图b是使用调制信号以调幅的方式对正弦波载波进行调制。

在前文讨论调频广播的时候曾经提到过，调频是利用调制信号对高频载波的频率进行调制的一种方法，在高频载波（正弦波）的频率发生变化后，其频域中的频谱分布从原来的单一频率扩展为区域性的连续分布，如图5-7，我们将扩展的这一部分频率成分称为边带（sideband），而原调制信号则称为基带（baseband）。实际上对高频载波进行调幅同样会产生边带，调频和调幅这两种在时域中截然不同的调制方式在频域中的表现是一样的。

图5-12a是等幅周期性脉冲序列在频域中的频谱图，根据离散傅里叶变换，时域中的离散周期性信号在频域中必然还是离散周期性的函数，所以等幅周期性脉冲序列在频域中表现为一系列周期性谱线。当采用模拟信号（基带）对其进行调幅之后会产生边带，如图5-12b，说明被调制的脉冲序列在频谱成分上发生了变化。如果调制信号（基带）的频率大于基波频率的一半时，相邻的基带与边带就会发生混叠（aliasing）。如图5-12c，阴影部分就是混叠区，混叠产生的原因是基带与边带发生了重叠，即原信号与采样（载波）信号之间的部分频率成分发生了混淆，造成重建（reconstruction）原信号的过程中重叠的频率范围出现失真。

以上讨论解释了频域中混叠出现的原因，图5-13则在时域中说明了混叠现象。图中原信号频率大于采样频率的两倍，而且在重建过程中被还原成更低的频率。实际上

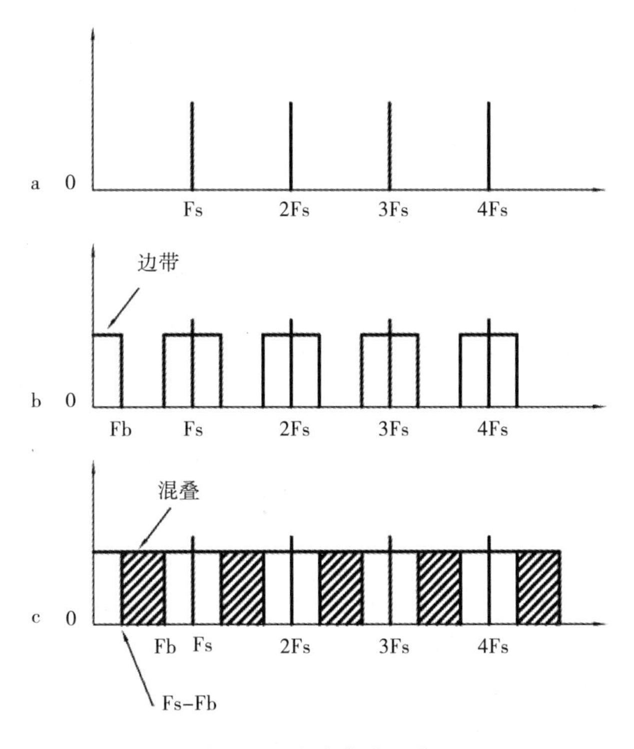

图 5-12. 频域中的混叠

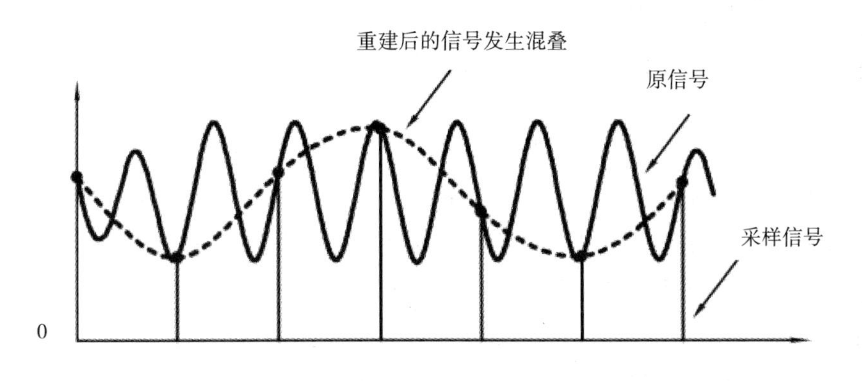

图 5-13　时域中的混叠

在原信号的频谱中大于采样频率一半的频率成分在重建后都会小于采样频率的一半。

对于图像信号来讲，混叠现象在视觉上是可见的。我们在使用数字照相机进行拍摄时，如果遇到某些呈规律变化的细密纹理时，可能会出现混叠现象，如图 1-19，此时若更换更高分辨率的照相机，混叠现象可能就会消失。如果无法更换相机，可尝试改变焦点，将混叠部分置于焦点外，使其虚化，混叠也可消失。

实际上，避免混叠主要有两种方法，一是提高采样频率，使其大于信号最高频的两倍，这就是著名的尼奎斯特定理。上例中更换高分辨率相机的做法就是提高采样频率。另一种方法是降低信号中高频成分的频率，使其低于采样频率的一半，上例中调整焦点的做法就降低了原图像的空间频率。

采样频率只要高于尼奎斯特频率就可以避免混叠，这样是否就能称为高质量的采样呢？我们将高于尼奎斯特频率的采样称为过采样（over sampling）。在实际的信号系统中，过采样是一种常态，比如人耳可听到的最高声音频率为20kHz左右，理论上只要使用40kHz的采样频率就可以避免混叠，但实际上我们对声音的采样频率在不断提高，MPEG-1音频采样频率为44.1kHz，而蓝光光盘音轨的采样频率可以高达192kHz，显然后者的声音质量要高于前者。实际采样频率与尼奎斯特频率之比称为过采样率，显然过采样率大于1。通过提高过采样率及其他手段，可以提高系统的信噪比，也就是降低噪声在信号中的比例，从而提高信号质量。所以，理论上，采样率越高，信号的质量就越高。

采用何种频率进行采样，除了要满足尼奎斯特定理之外，首先与我们对信息精度的需求有关。例如对于数字音频的采样频率就根据应用领域的不同而有很大的区别。电话所用采样频率为8kHz，因为人说话的声音中高频成分很少，同时也因为传递人声不需要太高的声音质量，听清楚即可，所以在电话系统中采用较低的采样率；而DVD和蓝光光盘的音轨则采用96kHz或者192kHz的采样频率以实现更高质量的音质。

其次，技术水平与系统成本也是决定采样率的重要因素，更高的采样率意味着更高的成本。实际上，在满足尼奎斯特定律的条件下，采样频率是以上两种因素共同作用的结果。

尼奎斯特定理长久以来被认为是正确的，人们也习惯性地认为采样频率必须复合该定理。但是近年来兴起的压缩感知（compressed sensing，也称稀疏采样）理论向尼奎斯特定理发起了挑战。压缩感知理论证明利用远小于尼奎斯特频率的采样频率对某些信号进行采样时可以获得较好的还原效果。压缩感知理论的原理比较复杂，在这里不进行详细论述。由于在采样过程中采用了较低的采样频率，我们可以将其简化理解为在采样的同时进行“压缩”，在还原时对信号进行“解压缩”，目前，“解压缩”算法是一个难点，并不能应用于所有信号，而且需要非常大的计算量。

在电影领域，目前追求的是无压缩的高质量画面，但是在数字视频技术应用的其他绝大多数领域，并不要求如此高的质量，经采样获得的信号往往要经过压缩以便于存储和传输，在图像还原时再对其进行解压缩。对于压缩与解压缩过程，前者的计算量要远远大于后者，这与多数实际需求是矛盾的。比如民用DV设备，我们希望成本尽量低，设备尽量轻便，但是在现有的体系下，必须在DV摄像机内部对信号进行压缩，从而增加了设备成本；当我们对压缩的影像进行播放时，往往采用电脑或专用播放机，这些设备本身的性能是很高的，却担负了解压缩这一相对较轻的任务。而压缩感知理论与以上情况相反，它在信号采集端只采集较少的信息，计算量也较少，在信号的还原过程中则需要较多的计算量，正好符合人们的实际需求。

同时，由于采样频率的大幅度降低，压缩感知在医学领域的应用意义尤为明显。我们知道核磁共振等技术对人体会产生一定程度的辐射，而且辐射量与采样频率成正比，如果利用压缩感知理论降低其采样频率，会大幅度减少身体检查过程中对人体造成的辐射。

5.4.3 量化与量化位深

量化的本质意义是将连续变化的变量在幅度上离散化。量化位深是指离散化后表示离散量的二进制位数。量化位深越高，量化精度越高。比如8比特的量化深度，具有2^8=256个量化级，而10比特的量化深度，具有2^{10}=1024个量化级，显然后者的量化精度更高一些。

量化分为均匀量化与非均匀量化两种形式，分别指量化前的连续量与量化后的离散量呈线性和非线性关系。从技术角度讲，均匀量化更容易实现，但是不符合人的感知特性，正如前文中提到的，人眼对暗环境中亮度的细微变化非常敏感，而对亮环境中的亮度变化相对迟钝，这两种特性同时体现了人眼的适应性。如果在视频处理中采用线性量化，会产生与人眼特性的差异，出现暗部量化级不够细密，而亮部量化级过于细密的情况，提高量化深度或采用非均匀量化的方法都可以解决这个问题，详情请见第十一章。

理论上，量化位深当然是越高越好，但在现实情况中，我们需要找到一个平衡点。一般民用DV采用8比特的量化位深，许多专业系统则使用10位或10位以上的量化位深。如果一台显示设备可同时识别两种信号的话，人眼很难区分出8比特与10比特位深的区别。更深的量化位深意味着对信号进行处理时可获得更高的处理精度，一般情况下，数字摄影机内部处理电路采用较高的位深，比如12比特、14比特甚至16比特，在信号输出之前，再将位深降到10比特或者8比特，这样做的好处是可以尽量减少信号处理过程中的损失，同时又没有增加传输或存储的带宽。

5.5　色度采样

人眼对亮度的敏感程度要远远大于色彩，因此，如果由于条件限制，亮度和色彩

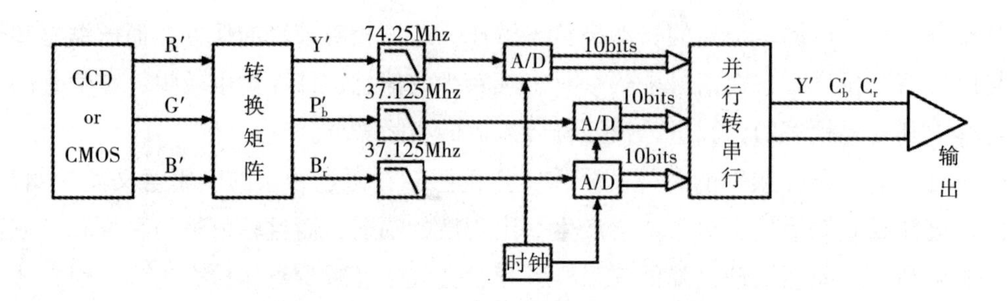

图5–14　数字摄影机信号处理示意图

的细节必须牺牲其一的话，会选择首先牺牲色彩的细节。视频信号中的色彩信息以低于亮度信息的频率进行采样的方式称为色度采样（chroma sampling），也叫颜色采样（color sampling）。

如果追溯历史，亮度与色彩的分离从彩色电视系统诞生之初就存在，因为彩色电视信号中必须包含独立的亮度信息以供那些只有黑白电视的家庭观看。实际上，目前大多数摄影机均采用亮度与色度分离处理的方式，本书将这类摄影机称为YUV摄影机，该类型摄影机的CCD或CMOS等电子感光元件经光电转换后提供红、绿、蓝（RGB）三个分量的电压信息，并通过矩阵电路将其转换为YP_bP_r分量信号，其中Y代表亮度，P_b和P_r代表色度信息，由RGB到YP_bP_r的转换本质上是将信号亮度信息和色彩信息进行分离的过程，随后，摄影机对YP_bP_r信号进行模数转换，将连续的模拟电压信号转换为离散的数字信号YC_bC_r，如图5–14。

YUV数字摄影机的色度采样发生在数模转换过程中，多数广播级摄影机的色度采样率低于亮度采样率，所以在此后的数字视频信号中，色彩信号的精度都要低于亮度信号的精度，这个过程是不可逆的。

我们将另一类数字摄影机称为RGB数字摄影机，其内部全部采用RGB方式进行信号处理，由于没有进行亮度与色度的分离处理，相对于YUV数字摄影机，其色度采样频率与亮度采样频率相同，因为RGB三色的采样频率是一致的。

色度采样可以分为4：4：4、4：2：2、4：1：1、4：2：0或3：1：1等几种，其中的第一位数字表示亮度采样率，后两位数字代表两个色彩分量的采样率，比如4：2：2高清晰度电视的亮度采样频率为74.25MHz，色度采样频率为亮度采样频率的一半，为37.125MHz。作为一种特例，黑白影像的色度采样比为4：0：0，因为黑白信号不具备任何色度信息。

如果YUV数字摄影机进行的是4：4：4色度采样，其非压缩码率与同等分辨率的RGB数字摄影机相同，所以进行亮度和色度的分离后，RGB信号可以转换成4：4：4的信号。4：4：4信号也可以转换为4：2：2信号，它是一个重采样（resampling）的

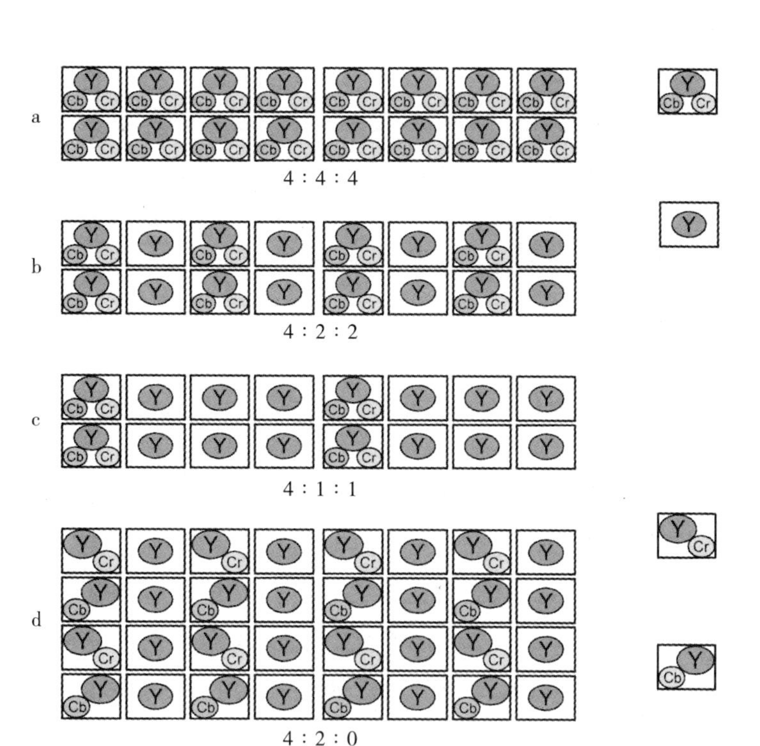

图5-15　色度采样

过程，可以得到较低的色度采样频率。在数字视频或音频信号处理过程中，经常需要将数字信号的采样频率或相位进行改变，我们将此过程称为重采样。

重采样的应用范围很广泛，最常见的就是对视频影像做上变换（up-conversion）和下变换（down-conversion）处理，即对视频信号在不同分辨率之间做相互转换。上变换就是将视频影像从低分辨率变换为高分辨率，下变换则相反。一般来讲，重采样的过程中需要用到各种差值算法。

RGB数字摄影机中的色度采样只是重采样的一种应用，因为它改变了原信号采样的频率。由上文可知，以较低频率进行的色度采样可以发生在两个阶段，一是模数转换过程中，二是模数转换之后，色度采样概念并不能完全等同于一般采样概念，因为普通的采样只发生在模数转换过程中。这是一个较容易发生混淆的问题。

图5-15a是4：4：4的采样比示意图，由图可知，每一个像素的亮度及色度都会被单独采样，即亮度与色度的采样率是相同的。目前越来越多的数字电影摄影机都采用4：4：4方式或者RGB方式。

图5-15b是4：2：2的采样比示意图,4：2：2方式的色度采样频率是亮度的一半，每隔两个像素进行一次，而没有进行色度采样的像素的色度信息则借用相邻像素的色度值或者采样差值。4：2：2方式长久以来也被视为广播级视频的专业标准，高质量

的广播系统中多采用此方式。

图5-15c是4∶1∶1的采样比示意图，4∶1∶1方式的色度采样频率是亮度的四分之一，它主要被30fps的DV（NTSC制）采用，采用此方式使得色彩的水平分辨率损失非常大，只有原来的四分之一，而垂直分辨率没有受到影响，从而造成色度在水平与垂直两个方向上的不均衡，此问题在25fps的DV（PAL制）上得以改善，如图5-15d所示，4∶2∶0方式亮度与色度总体比例与4∶1∶1方式相同，但是在一行之内，只对一个色度分量进行采样，下一行再对另一个色度通道采样。这样处理的好处是使色度信息的水平与垂直分辨率更为均衡，避免了4∶1∶1方式的缺点。

索尼的HDCAM采用3∶1∶1色度采样方式，它在水平方向上亮度分量的实际分辨率是1440，而两个色度分量的实际水平分辨率是480，亮度分量的采样频率正好是色度分量的3倍，即3∶1∶1。在垂直方向上，亮度和色度都是按1080全分辨率采样。由此可以看出，类似于HDCAM这样的格式虽然被厂家称为“高清”，但是其真实分辨率并没有达到1920×1080，其水平方向亮度分辨率仅为1920的3/4，其亮度、色度采样比也要小于4∶2∶2。HDCAM最终显示时的分辨率由其实际1440的水平分辨率经过重采样变换为1920分辨率。

从视觉经验上讲，人眼很难分辨4∶4∶4影像与4∶2∶2影像的区别，即使是4∶4∶4与4∶2∶0，普通观众也难以发现它们的不同之处。但是，当我们对影像进行抠像（keying）处理时，采用不同色度采样比的影像会体现出一定的区别。在各种抠像方法中，利用图像的色彩对特定的物体进行抠像（chroma keying）处理是一种最常用的方法：通常用蓝幕或绿幕作为背景，在抠像时将背景去掉。在实际情况中，如果影像的色彩分辨率低于亮度分辨率，则容易在物体边缘出现误差。经验表明，采用4∶2∶2色度采样比的影像在抠像时发生误差的情况相对较少，而4∶2∶0或4∶1∶1则更容易出问题，当然，也不乏大量成功的实例。

色度采样本质上是一种利用人眼对亮度的敏感性高于色度的特点对视觉信息进行压缩的方法，同样分辨率的4∶4∶4影像的传输带宽是4∶2∶0影像的2倍。色度采样只是一种阶段性的技术手段，随着电影摄制技术特别是存储技术的不断发展，4∶4∶4或RGB的数字影像一定会成为主流标准。

第6章 视频传输

视频传输是指视频图像、声音以及同步信号等信息在不同设备间传输的过程。视频传输从形式上可分为无线传输与有线传输，从信号类型上可分为模拟传输与数字传输，数字传输又可分为并行传输与串行传输。

6.1 模拟视频的传输

6.1.1 调　制

调制（modulation）是利用低频信号源（简称信源）对高频载波的幅度、频率或相位进行控制，使其能够在特定媒介中进行传播的方法。一般来说，信源的信息含有直流分量和频率较低的频率分量，称为基带信号。基带信号一般频率较低，往往不能直接传输，因此必须把基带信号“依附”到一个高频率信号以便于传输，这个高频信号叫做载波，而基带信号叫做调制信号。调制是通过改变高频载波的幅度、相位或者频率，使其随着基带信号幅度的变化而变化来实现的。而解调则是将基带信号从载波中提取出来的过程。

调制的种类很多，分类方法也不一致，按调制信号的形式可分为模拟调制和数字调制，用模拟信号调制称为模拟调制，用数字信号调制称为数字调制；按被调信号的种类可分为脉冲调制、正弦波调制和强度调制等，其调制的载波分别是脉冲、正弦波和光波等。正弦波调制有幅度调制、频率调制和相位调制三种基本方式，后两者合称

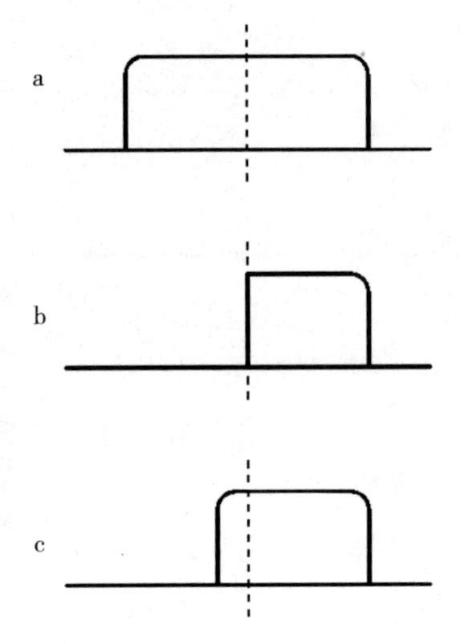

图6–1 双边带调制、单边带调制和残留边带调制

为角度调制。此外，根据基带与载波频率的相互关系，又可分为双边带调制、单边带调制和残留边带调制等。

高频载波信号被低频基带信号调制后，其频谱的左右两侧会同时出现边带，如图6–1a，单侧边带的宽度就是基带信号的带宽，双边带的宽度是基带宽度的两倍。我们将调制信号左右边带在调制后均保留的方法称为双边带调制，其所占带宽至少需要基带带宽的两倍。比如我国模拟标准清晰度电视标准的基带带宽为6MHz，如果采用双边带调制方式，每一个频道至少需要12MHz的带宽。

图6–1b为单边带调制示意图，由于基带的信息（信源信息）在左右两个边带中同时存在，也就是左右两个边带中包含的信息是重复的，所以不必将左右两个边带同时传输。将双边带调制中的一个边带用滤波的方法去掉，只剩下一个边带进行传输，这种方法称为单边带传输。由于只采用了一个边带，单边带调制占用带宽是双边带带宽的一半。单边带传输虽然有效地解决了双边带占用两倍带宽的问题，但在处理那些低频信号较为重要的信源时，表现很不理想，因为在技术上很难实现滤波器的突然截止，即不可能实现理想意义上的单边调制。单边调制可以应用于电话传输，因为人声中的低频成分相对较少。但是视频信号中的低频成分非常多，同时也很重要，所以视频模拟信号不宜采用单边调制。

图6–1c为残留边带调制，它是介于双边带与单边带之间的一种调制方法，既解决了前者占用带宽资源太多的问题，又解决了后者对低频信息还原不理想的问题。所谓残留边带调制就是在单边带调制的基础上保留另一个边带的部分频率成分，这样处理实际上是将基带中的低频用双边带进行调制，高频成分用单边带调制，即保护了低频信息，又节省了部分带宽资源。

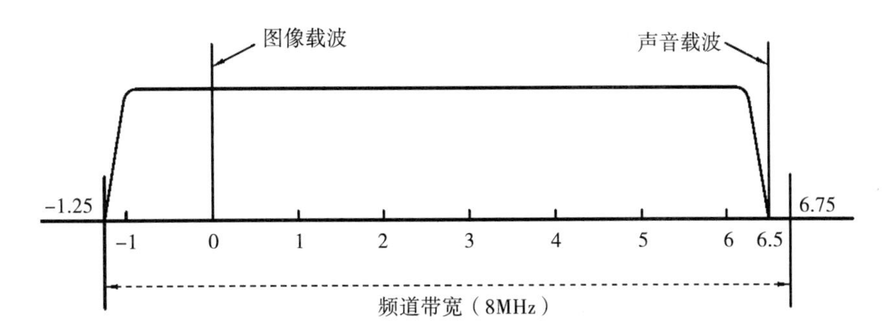

图6–2 我国标准清晰度模拟电视广播频道

6.1.2 频段划分

我国标准清晰度模拟电视广播的一个频道所占带宽为8MHz，其中残留边带占1.25MHz，如图6–2所示，由于声音信号与图像信号同时传输，声音的载波频率比图像载波频率高6.5MHz，带宽为0.5MHz，图像信号采用调幅的调制方式，声音信号采用调频的调制方式。例如，3频道的图像载波频率是65.75MHz，那么其声音载波频率为65.75+6.5=72.25MHz，频道频率范围是64.5MHz至72.5MHz。

我国电视无线广播划分了68个频道,频段覆盖了甚高频（VHF）与超高频（UHF）的大部分范围，我国规定的甚高频范围是48MHz至223MHz，超高频范围是470MHz至960MHz。

6.2 数字视频传输

6.2.1 数字信号的调制

数字信号也可以像模拟信号那样进行调制，如图6–3a所示，用数字脉冲直接对高频载波进行调制，数字信号的0和1两种状态分别对应不同的电压幅度。但是对于数字信号来说，这是一种效率非常低的方法，假设模拟载波信号带宽为F 赫兹的话，用这种方法我们只能实现最高为2F比特/秒的数字带宽。同时，如果采用同模拟调制方式，数字信道所固有的高信噪比特性完全没有发挥出来，因为数字信道只需要将0和1两个状态进行传送，对噪声有极高的容忍度。

我们可以在0和1的基础上对数字调制信号的幅度做进一步划分，用不同的电压分别代表00、01、10和11四种状态，如图6–3b所示，显然，这种方法在带宽仍为F的情况下，可实现翻倍的传输效率，达到4F比特/秒的数字带宽。同样，如果我们对电压幅度再细分为8个级别，就可以实现8F 比特/秒的数字带宽。实际上这种8级方法最终被ATSC（美国高级电视顾问委员会）所接受，他们用原有的6MHz（NTSC制）模拟频道传输了19.28 兆比特/秒的数字信号，后来又用16个级别实现了38.57兆比特/秒的数字信号传输。

除了对电压幅度进行细分之外，我们还可以利用正交幅度调制（quadrature amplitude modulation，简称QAM），它是一种将两种调幅信号汇合到一个信道的方法，可以获得单一调制信号平方倍的带宽，如图6-3c。正交调幅信号有两个相同频率的载波，但是相位相差90度，一个信号叫I信号，另一个信号叫Q信号。从数学角度讲，一个信号可以表示成正弦，另一个可以表示成余弦。将这两种被调制的载波混合后传送，在接收端再分别解调制，由于增加了一路信道，相当于信道的位深增加一倍，带宽增加到原来的平方倍，假设每种调制信号的幅度都被划分为4级，未采用QAM时可实现4F 比特/秒的数字带宽，采用QAM后，可获得4^2=16种电压幅度组合，从而实现16F 比特/秒的数字带宽。

一般将QAM与其幅度组合数目共同标注，比如QAM-4、QAM-16或QAM-64等，目前最高可达到QAM-1024。

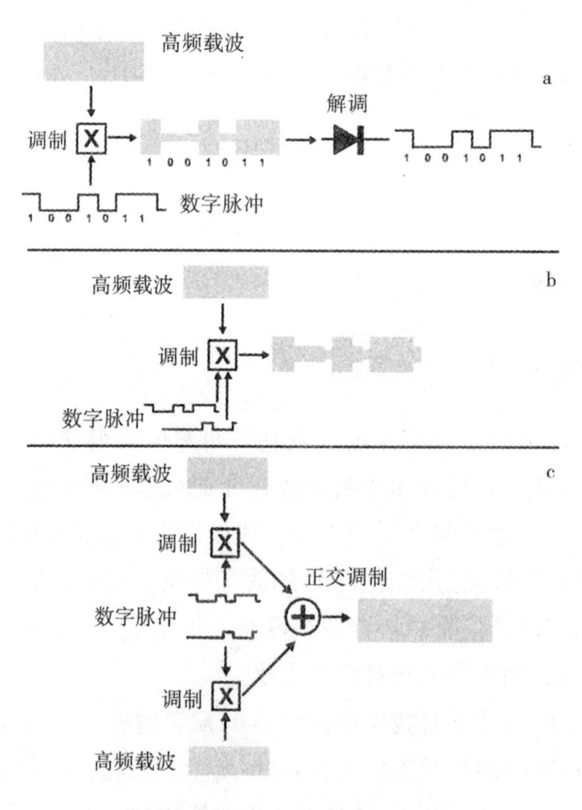

图6-3 数字信号的调制

在相同带宽下，数字信号能够传送的信息量要远远大于模拟信号，特别是加上压缩技术，一套原有的标清频道带宽可以传送高达16至18部VCD质量的视频画面。一般在有线数字电视和卫星电视广播系统中采用的就是数字调制的方式，其特点是信号传输距离长，抗干扰性强。

6.2.2 数字视频串行传输原理

在数字电影及数字电视的制作环节，需要对高质量的非压缩影像进行点到点的短距离传输，比如对数字摄影机的信号进行实时监看时，需要将数字视频信号从摄影机传送至监视器；又如在视频信号的采集过程中，需要将数字视频信号从视频播放设备（录像机等）传送到视频采集设备（比如与电脑主机相连的各类视频采集卡）。在专业数字影像制作领域，经常使用串行数字接口（serial digital interface，简称SDI）来完成上述任务，本节重点介绍SDI接口的相关知识。

串行数字接口是在数字电影制作过程中使用频率非常高的一种数字传输接口，它具有多种类型，我们先介绍其共性。这里首先明确SDI的习惯称谓问题，我们在日常交流中提到SDI时可能有两种意指：一是串行数字接口的统称，包括HD-SDI和SD-SDI等；二是特指SD-SDI。这往往会引起误解，所以在本书的表述中，如果没有特殊说明，SDI仅指串行数字接口的统称，而标准清晰度串行数字接口以SD-SDI表示，高清晰度串行数字接口以HD-SDI表示。

数字信号传输的基本概念就是将数据以字节的形式从一个地方传送至另一个地方，有并行传输（parallel transmission）与串行传输（serial transmission）两种形式。并行传输是在传输中将多个数据位同时传输，其优点是信号在接受及发送过程中所需的处理相对简单，而且传输速度较快，缺点是对传输信道的要求较高，需要多条通道；串行传输是将数据按照先后顺序依次传输，首先需要对二进制数据进行先后排序，然后再对其进行依次传输，串行传输的优点是对传输信道的要求较低，一般使用单根同轴电缆即可实现，更重要的是便于对其进行路由处理，显然并行传输的路由器要比串行传输的路由器复杂的多。所以在实际工程中串行传输应用非常广泛，当然，它增加了信号处理的难度：发射过程中，数据首先要经过并行转串行的处理，在信号的接收端，又要将串行的数据转换为并行。

在第四章我们介绍了消隐的概念，行、场逆程扫描过程中不显示图像即为消隐。假设我们将消隐过程与扫描过程一同考虑，认为行消隐是行扫描的一部分，场消隐是场扫描的一部分，而逆程扫描均不需要时间，只是实际画面中的一部分不予显示，如图6-4，那么行扫描行可以分成两部分，一部分是有效行（active line），用L_A表示，

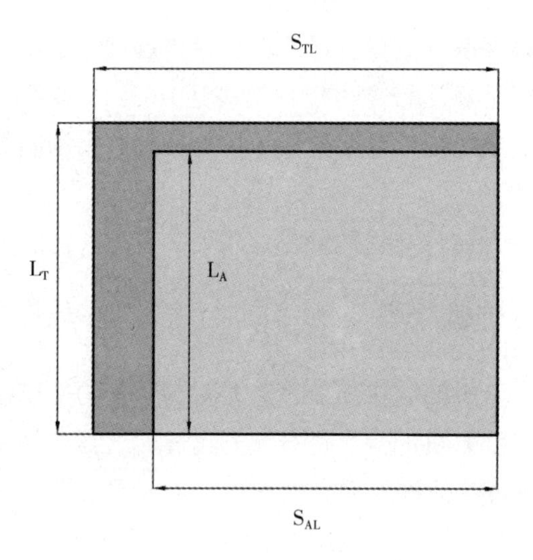

图6–4 有效行、实际行、实际采样与有效采样

图中的浅色部分即为有效行，另一部分是实际行（total line），用L_T表示，显然实际行是有效部分加上消隐部分（深色表示）。同理，在一行中，也有有效采样（active sample）和实际采样（total sample）之分，有效采样用S_{AL}（sample per active line）表示，实际采样用S_{TL}（Sample per Total Line）表示。这样整体考虑扫描过程的好处是更加容易计算视频的采样频率等。例如视频格式Rec.601 576i25的有效行数L_A为576，而实际行数L_T为625，一行中的有效采样数S_{AL}是720，而实际采样数S_{TL}是864，那么该视频格式的亮度实际采样频率为：

$$S_{TL} \times L_T \times 25 = 864 \times 625 \times 25 = 13.5\text{MHz}$$

由于该格式采用4：2：2的色度采样方式，量化深度为8比特，一个采样点平均需要16比特的字节数，即两个8比特字符，那么该视频所需数字带宽为：

$$13.5\text{MHz} \times 16\text{bit} = 27\text{MB/s}$$

对于10比特位深的SDI接口来说，需要使用两个10比特的字符才能传输一个像素的亮度与色彩(4：2：2),所以总带宽为270Mb/s,这是我们经常提到的无压缩4：2：2数字标清带宽。

SDI最初是为数字标清视频而设计的，设计初衷是利用同轴电缆传输10比特数字标清分量视频或数字PAL/NTSC制复合视频,同时也兼顾采样率为18MHz的16：9画面。SDI在设计之初主要是为了建立一条电视视频信号到计算机系统的数据传输通道，所以没有考虑错误检测与处理（error detection and handling，简称EDH）功能，在SDI接口随后的发展过程中该功能被写入了标准。SDI接口除了可以传输视频数据之外，同时也可以利用消隐期传输一些附加信息，比如音频数据等。

SDI最终发展为可支持高清分辨率的形式，即HD-SDI。HD-SDI具有两种固定带宽，1.485Gbps与2.97Gbps。在日常交流中，我们习惯将1.485Gbps简化称为1.5G，1.5G带宽的HD-SDI可以传输4：2：2的无压缩高清信号。2006年又出现了固定带宽为2.97Gbps的HD-SDI，我们习惯称之为3G，亦写做3G-SDI，一条3G-SDI传输接口可以传送4：4：4高清无压缩画面，也可以传送两路4：2：2高清无压缩画面，也可实现更高帧率的1080p/50、1080p/60甚至2K画面的传输。

SD-SDI最高可支持10比特的量化深度，而HD-SDI可支持12比特。如果传输信号没有达到SDI的最高量化深度，多余出来的比特位数用“0”来填充。

数字视频信号在传输过程中同样会受到各种干扰从而造成信号衰减，衰减幅度与信号频率、缆线质量、缆线长度及周边环境密切相关。其中信号的频率越高，在同样的传输距离内信号的衰减幅度越大；缆线的长度越长，同样频率的信号衰减幅度越大。SDI接口能够接受的最大衰减幅度为30分贝，大于30分贝的衰减信号在接收端不能准确还原。如果将100MHz信号传输100米后衰减幅度为8.7分贝的电缆定义为标准缆线的话，1.5G HD-SDI在标准缆线中的最大传输距离为140米。

对于串行传输接口，为了在接收端将串行数据正确还原，发射端必须在数字信号中加入同步信号以对每一个字节的位置进行准确定位。在SDI视频传输过程中，只有实际行L_A的亮度和色度数据会被传输，在一行之内，只有有效采样S_{AL}的亮度或色度会被传输，如图6-5中的深色部分，其他部分并不传输图像信号，而是用来传输同步信号或其他附加信息，如音频等。我们将SDI中的同步信息称为“时间参考信号”（time reference signal，简称TRS）。每一行都必须具备独立的时间参考信号，如图6-5所示，在每一有效行开始之前与结束以后的部分就是时间参考信号的位置，其中位于有效行之前的TRS会“通知”接收端有效行即将开始，称为SAV（start of active video），位于有效行之后的TRS“通知”接收端有效行已经结束，称为EAV（end of active video）。SAV与EAV在每一实际行中均会出现，在场消隐过程中也不例外。

图6-6为数字串行同步信号与模拟信号的对应关系。以SD-SDI为例，EAV和SAV均由4个10比特字节组成。发送端将视频数据流发送之后，EVA和SAV是夹在

图6-5 时间参考信号

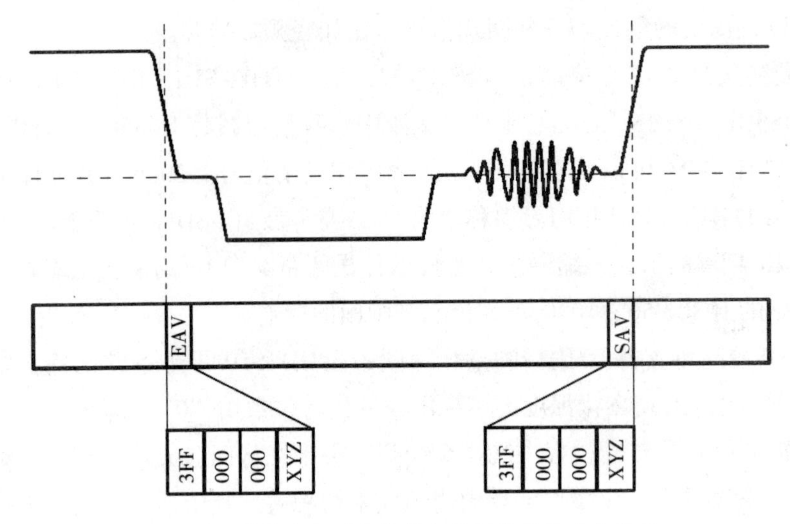

图6-6 数字串行同步信号与模拟信号的对应关系

有效视频信息以及其他附加信息之中的，接收端必须对EVA和SAV进行识别。在前三个10比特字节中，第一个字节全部为“1”，用16进制表示为3FF，第二个和第三个字节全部为“0”，用16进制表示为000。我们将EVA和SVA中的前三个10比特字节称为标识字节，这三个标识字节数值恒为3FF000000，在有效视频信号中不会出现3FF000000的情况，所以接收端一旦接收到标识字节，即可判断此位置是视频行的开始或结束。EAV和SAV中的第四个10比特字节为XYZ字节，所表示的信息见表6-1：

表6-1 TRS各位信号含义

位	9	8	7	6	5	4	3	2	1	0
		F	V	H	P3	P2	P1	P0		
	1	0	0	0	0	0	0	0	0	0
	1	0	0	1	1	1	0	1	0	0
	1	0	1	0	1	0	1	1	0	0
	1	0	1	1	0	1	1	0	0	0
	1	1	0	0	0	1	1	1	0	0
	1	1	0	1	1	0	1	0	0	0
	1	1	1	0	1	1	0	0	0	0
	1	1	1	1	0	0	0	1	0	0

其中6至8位为信息位，意义如下：

第6位H用来识别SAV和EAV，H为0时表示EAV，H为1是表示SAV。

第7位F用来区分隔行扫描中的奇偶场，F为0时表示奇数场，F为1时表示偶数场。F只能在EAV中改变。同时，对于隔行扫描，每一场的第一行起始于行的中间位置，但是在这个位置并没有同步信息，所以必须在前一行结束后就标记奇偶场的转变，这也是F只能在EAV中改变的原因。

第8位V用来识别所在行是否处在场消隐期，V为1时表示场消隐，反之V为0。

XYZ中的2至5位为校验数据，与H、F和V的不同排列一一对应，可对其进行校验。

以4：2：2分量数字视频信号为例，SDI传输信道中每传输4个像素的亮度信号Y′，需要同时传输2个像素的C_b'信号和两个像素的C_r'信号，实际上是同时传送三路信号，如果不采用复用技术，则需要三条信道才能完成。

复用（multiplexing）是在同一数字信道内传送多路信号的技术。我们知道，SDI分量视频信号可以由单一信道传输，其方法是将Y′、C_b'和C_r'三个分量信号交替顺序传输。如图6-7所示，在复用过程中，亮度信号与色彩信号分别采用独立的TRS，即独立的EAV与SAV。而在有效视频数据中，Y′、C_b'和C_r'按照图示顺序交替顺序传输。

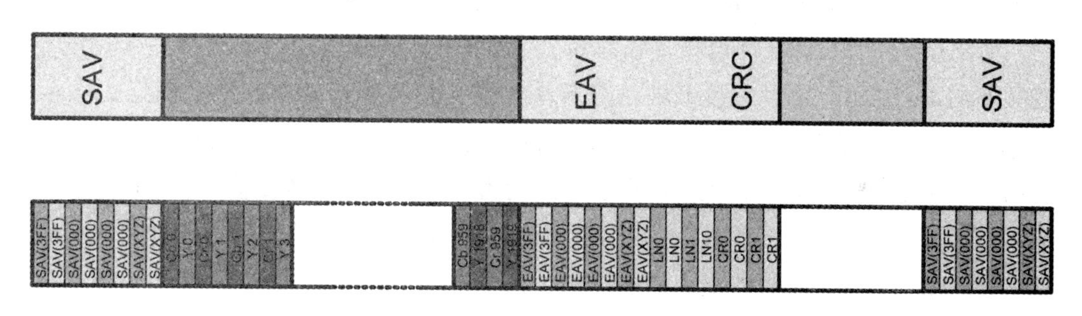

图6-7　分量数字视频的复用传输

6.3　视频传输接口

数字视频的有线传输可以分为两种形式，一种是视频流，另一种是数据流。本节分别介绍这两种传输形式的主要物理接口类型，同时也将介绍一些目前仍然广泛使用的模拟视频接口。

6.3.1 视频传输接口

复合视频接口（Analog Composite Video Interface）

本节所讲的复合视频是指模拟复合视频接口。虽然也存在数字复合视频接口，但

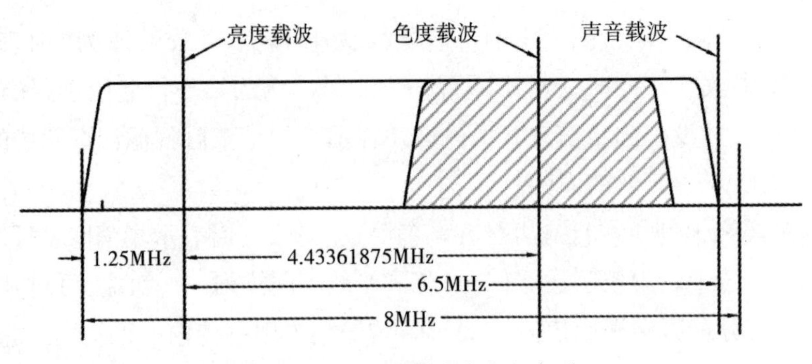

图6-8 PAL-D制彩色电视频道

它是将模拟复合采样量化后以数字的形式传输或储存，实际上仅是模拟复合视频的数字形式，其传输效率相对较低，并没有得到广泛应用。所以在绝大多数情况下提到的复合视频均指模拟复合视频，本书沿用这一表述习惯。

与分量视频相对应，复合视频是指将亮度信号和色彩信号在同一信道内同时传输的视频格式。下面以PAL-D制为例，简要介绍复合视频传输工作原理。

如图6-8，PAL制复合视频传输总带宽为8MHz，其中色度载波频率高于亮度载波频率约4.43MHz。两种色度载波信号频率相同，相位相差90度，PAL是英文phase alternative line的缩写，意指色度信号的行间相位是交替的，这样处理的好处是可以自动校正相位错误。亮度与色度的调制方式均为调频方式。无线传输中声音的载波频率大于亮度载波频率6.5MHz。在不同模拟设备之间进行有线传输时，比如将模拟视频信号从家用录像机传送给电视机的过程中，声音一般需要单独的缆线进行传输。

模拟视频的有线传输一般采用同轴电缆，物理连接接口一般使用RCA或BNC接口，如图6-9和图6-10所示。

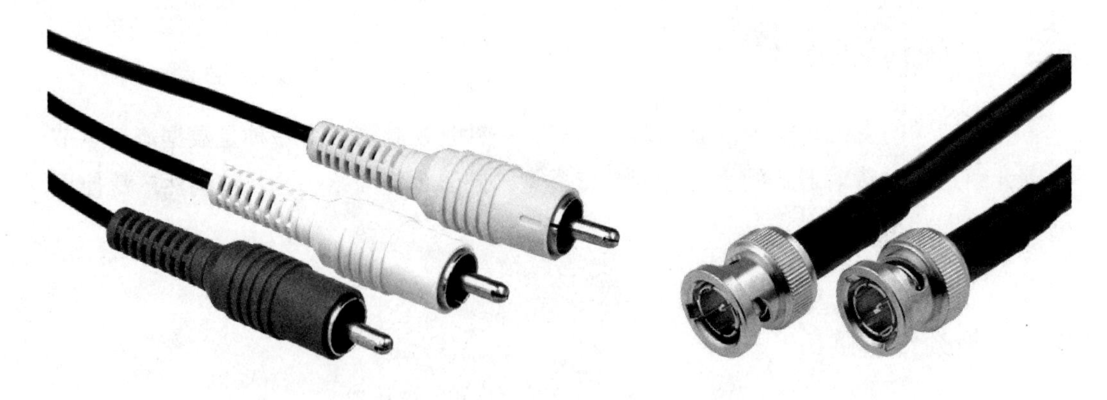

图6-9 RCA接头

图6-10 BNC接头图

图6–11　S–Video接口

分离视频（S–Video）

S–Video是英文separate video（分离视频）的缩写，也记做Y/C。作为一种模拟视频传输接口，S–Video将亮度（Y）与色度（C）信号分离开来单独传输。相比民用级别的模拟复合视频接口，S–Video接口的传输质量相对高一些，但是相比专业级别的分量视频传输方式，它的两种色度信号仍然共享同一传输通道，所以其传输质量低于分量方式。

S–Video是一种标清模拟传输接口，与模拟复合接口一样，声音也需要单独的缆线进行传输。

最常见的S–Video连接器具有4芯，见图6–11。其中1、2芯为地线，3、4芯分别为亮度（Y）和色度（C）信号。

视频图像阵列（VGA）

VGA视频接口的最主要用途是将电脑的视频信号传输给外部显示器。VGA是英文video graphic array的缩写，意为视频图像阵列。VGA接口是一种模拟分量视频传输接口，一般为15芯，如图6–12所示。与一般模拟分量接口不同，其水平与垂直同步信号是单独传输的，所以VGA需要对R（红）、G（绿）、B（蓝）、H（水平同步）和

图6–12　VGA接头

V（垂直同步）5个分量进行传输。VGA支持的视频分辨率可高达2048×1536，已经超过了高清标准。

需要注意的是，VGA接口在设计时没有考虑热插拔功能，不能保证接口中地线的优先连接。虽然热插拔造成设备损坏的情况不常发生，但容易造成设备间的识别错误以及信号识别错误。

数字视频接口（DVI）

DVI是英文digital visual interface的缩写，意为数字视频接口。做为一种视频接口标准，主要用途是以数字的方式将电脑视频信号传送给外部显示器。目前广泛应用于各类显示器、数字投影机等设备上。DVI接口对非压缩数字视频流进行传输，同时DVI接口也可对模拟视频进行传输，其模拟版本（DVI-A）部分兼容VGA，而其数字版本（DVI-D）部分兼容HDMI。

DVI接头除包含DVI标准所规定的数字信号脚位之外也可包含传统模拟信号（VGA）的脚位，此设计是为了提高DVI的兼容性，可使不同形式的视频信号共用同一种物理接口。因功能的不同，DVI接口有3种类型5种规格，如图6-13，端子接口尺寸为39.5mm×15.13mm。

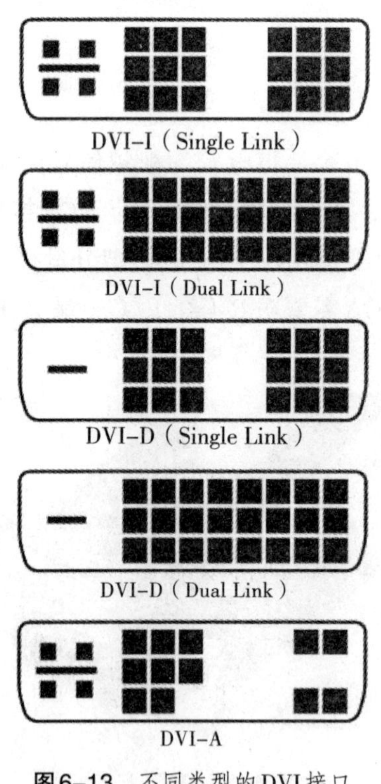

图6-13　不同类型的DVI接口

3大类包括：DVI-Analog（DVI-A）接口、DVI-Digital（DVI-D）接口、DVI-Integrated（DVI-I）接口。

5种规格包括：DVI-A（12+5）、单连接DVI-D（18+1）、双连接DVI-D（24+1）、单连接DVI-I（18+5）、双连接DVI-I（24+5）。

DVI-Analog（DVI-A）接口（12+5）只传输模拟信号，本质上与VGA完全相同。

DVI-Digital（DVI-D）接口（18+1和24+1）是纯数字的接口，只能传输数字信号，不兼容模拟信号。所以，DVI-D的插座有18个或24个数字插针的插孔和1个扁形插孔。

DVI-Integrated（DVI-I）接口（18+5和24+5）同时兼容数字和模拟信号，DVI-I的插座由18个或24个针脚再加5个模拟针脚（图中左侧四针孔和一个扁形针）组成，比DVI-D多出来的4个针脚用于兼容VGA模拟信号。DVI-I兼容模拟VGA信号并不意味着VGA公头可以直接连接在DVI-I母座上，必须通过一个转换接头才能连接使用。

各规格DVI接口支持的最大分辨率见表6-2。

表6-2 各类DVI及其支持的最大分辨率

接口种类	最大分辨率
VGA	2048×1536，60Hz
DVI-I单通道	1920×1200，60Hz
DVI-I双通道	2560×1600，60Hz/1920×1200，120Hz
DVI-D单通道	1920×1200，60Hz
DVI-D双通道	2560×1600，60Hz/1920×1080，120Hz

高清晰度多媒体接口（HDMI）

HDMI是英文high definition multimedia interface的缩写，意为高清晰度多媒体接口。HDMI是一种数字视频和声音传输接口，用来同时传送非压缩的音频信号及视频信号。由于音频和视频信号采用同一条缆线，大大简化了系统的安装，也是其得以迅速普及的一个重要原因。

HDMI支持非压缩的8声道数字音频传输（采样率192kHz，量化位深可达24bit），也支持压缩音频，如Dolby Digital或DTS。HDMI 1.3版本升级到可支持超高数据量的非压缩音频流，如Dolby TrueHD与DTS-HD等。

HDMI可向下兼容多数显示器与显卡所使用的Single-link DVI-D或DVI-I接口（但不支持DVI-A），使得采用DVI-D接口的视频源可以在采用HDMI接口的显示器上显示。

HDMI的发起者包括各大消费电子产品制造商，如日立、松下、飞利浦、东芝等。

另外，HDMI也受到各主要电影制作公司如二十世纪福克斯、华纳兄弟、迪斯尼以及多家有线电视系统的支持。

随着技术的不断发展，HDMI的版本也在不断提高，截止本书截稿，其最高版本已经为HDMI 1.4b。

HDMI 1.4发布于2009年5月，其主要技术指标如下：

具备HDMI百兆以太网通道，允许基于网络的HDMI设备和其他HDMI设备共享互联网接入，无需另接一条以太网线。

具备音频反向通道，可以使高清电视通过HDMI线把音频直接传送到音频功放接收机，实现音频的双向传送。

定义通用3D格式。实现家庭3D系统输入输出部分的标准化，最高支持两路1080p分辨率的3D画面。

非3D模式时最高支持4K×2K(3840×2160p@24Hz/25Hz/30Hz或4096×2160p@24Hz)。

拓展支持色彩空间，包括sYCC601、Adobe RGB、AdobeYCC601等。新增Micro HDMI微型接口，比19针普通接口小50%左右。

HDMI 1.4a发布于2010年3月，其最大的突破是在3D功能中实现了对高清分辨率的支持，之前的版本仅能将3D画面中的左右眼在同一幅画面中以上下压缩（up and down）或左右压缩（side by side）的方式传输，这样大大降低了3D画面中单眼图像的分辨率，实际分辨率只有高清分辨率的一半。而1.4a版本可以将单眼画面以独立的方式传输，标准中将每一对相应的左右眼画面以一个数据包的形式传输，从而实现真正意义上的高清3D视频传输。

HDMI接头见图6-14。

DisplayPort

DisplayPort是由视频电子标准组织（Video Electronics Standards Association，简称VESA）推出的一种数字视频传输标准，其目的主要是替代DVI及VGA等较早的接口。与HDMI类似，DisplayPort可同时对视频及音频信号进行传输，但是它主要用于电脑到显示设备的数字视频传输，并没有广泛应用于高清视频设备到显示设备的视频传输，所以在相当长的时间内会与HDMI接口共同作为主流视频传输接口。

DisplayPort与传统视频接口的主要区别就是其本质上是一种基于数据流而非视频流的传输接口，其传输原理与以太网、USB接口更为接近。DisplayPort同时支持外部设备到设备之间的传输，也支持设备内部的视频数据传输。DVI/HDMI传输的视频流以红、绿、蓝三通道以及同步信号为主要内容，而DisplayPort传输的是一个个的数据包以及时钟信息。这种方式的优点是其协议更加灵活，具备更强的兼容性与可扩展性，

图6–14　HDMI接头

图6–15　DisplayPort接头

在不改变DisplayPort接口协议的前提下，能够非常容易地实现附加信息植入、互联网接入、多种控制等功能。

DisplayPort具有以下特点：

- 最多可实现4路数据流传输，有效码率在四路同时传输时可达17.28Gbit/s。
- 支持RGB和YCbCr色彩空间，支持4：4：4和4：2：2采样方式。
- 量化位深最高可达16比特。
- 可支持8路24比特、192kHz非压缩数字声。
- 支持多种3D视频传输方式。

DisplayPort接头见图6–15。

第7章 视频标准与视频格式

我们常常为众多的视频标准与视频格式所困惑，本章帮助读者对其进行分类归纳。制定各类视频标准的目的是将视频影像及声音在获取、处理、传输、压缩、存储和再现过程中的各类技术统一起来，从而使得各类设备可以协调工作。由于各类标准制定的目的不同，所以其内容也不同，每一种标准都有不同的侧重点。

7.1 视频标准制定者

世界上有各种不同的组织从事视频标准的制定工作。绝大多数的视频标准制定者都隶属于国际标准组织（International Organization of Standardization，简称ISO）。ISO的成员来自140多个国家，该组织建立于1947年，致力于制定科学、技术以及经济等领域的全球统一化标准。

隶属于ISO的视频领域的组织有电影与电视工程师协会（Society of Motion Picture and Television Engineers，简称SMPTE）、（美国）国家电视标准委员会（National Television Standards Committee，简称NTSC）、欧洲广播联盟（European Broadcasting Union，简称EBU）、国际电信联盟（International Telecommunication Union，简称ITU）、美国高级电视业务顾问委员会（Advanced Television Systems Committee，简称ATSC）、动态图像专家组（Moving Pictures Experts Group/Motion Pictures Experts Group，简称MPEG）等。

另有一些和电影行业紧密相关的协会或组织也制定了一些重要的行业标准，如数字电影倡导组织(Digital Cinema Initiatives，简称DCI)和美国电影摄影师协会(American Society of Cinematographers，简称ASC) 等。

这些组织的相同工作就是根据技术的发展，持续不断地制定电视、电影及视频领域的各项标准。

7.1.1 电影与电视工程师协会（SMPTE）

电影电视工程师协会是美国的一个国际性组织，它成立于1916年，最初名称为电影工程师协会，1950年后改为现名。

该组织制定了多项电影、电视行业的标准，在全球范围内享有较高的声誉，在电影制作、电视制作、数字影院系统、医学影像及声音等领域共制定了超过400项标准。除了向全世界发布各类标准之外，SMPTE还通过发布期刊、召开学术会议和举办会展等方式为其成员提供交流平台。

SMPTE在电影及电视领域发布的主要标准包括：

- 所有与电影及电视传输相关的格式。
- 电视信号传输的物理接口以及相关数据格式（比如串行数字接口——SDI及SMPTE时间码）。
- SMPTE彩条，各类测试图像等。
- 各类素材交换格式，即MXF（material exchange format）。

7.1.2 国际电信联盟（ITU）

国际电信联盟是一个主要致力于制定信息及通讯技术标准的国际组织。全球范围内无线电频段资源的划分就是由国际电联制定的。国际电联的总部位于瑞士的日内瓦，193个国家或地区加入了该组织。同时，国际电信联盟拥有超过700个机构或组织成员。

ITU由三个主要部分组成，分别是ITU-R、ITU-T和ITU-D。其中ITU-R主要负责国际无线电频率波段与卫星轨道资源的划分，与视频技术相关的各类标准也由其负责。ITU-R规定了我们经常使用的标清电视标准（Rec. 601）与高清电视标准（Rec. 709）。

7.1.3 动态图像专家组（MPEG）

动态图像专家组是国际标准化组织（ISO）的一个下属机构，主要致力于制定视频与音频压缩及传输技术标准。该组织于1988年成立，到2005年已经拥有超过350个成员，这些成员来自于各个领域，包括高校、科研机构以及设备生产厂家等。

动态影像专家组拥有一些下属部门，每一个部门负责一个方向，分别对系统、视频、音频、3D影像的压缩以及各类测试技术制定标准。

7.1.4 数字电影倡导组织（DCI）

数字电影倡导组织是由一些大型电影公司联合成立的致力于制定数字影院标准的行业内标准化组织。该组织成立于2002年，其成员如下：

米高梅公司（Metro-Goldwyn-Mayer）
派拉蒙影业公司（Paramount Pictures）
索尼电影娱乐公司（Sony Pictures Entertainment）
二十世纪福克斯公司（20th Century Fox）
环球影业（Universal Studio）
迪斯尼公司（The Walt Disney Company）
华纳兄弟娱乐公司（Warner Bros. Entertainment，Inc.）

成立数字电影倡导组织的目标是建立开放式的、统一的数字影院技术结构，从而保证影片放映的质量及可靠性。数字电影倡导组织制定了一系列统一标准，使得电影制片厂、发行商以及影院设备生产厂家可以协同工作。因为数字电影倡导组织的成员在好莱坞具有极大的影响力，其他一些较小的制片公司及设备生产公司必须采纳该标准才能生存，所以该标准已经成为数字影院的行业标准。

但是不同标准所关心的视频本身的一些固有属性是不变的，以下是大多数视频标准所必须涉及的内容：

帧速率：一秒之内记录、存储或再现画面的数量。
扫描方式：隔行扫描或逐行扫描。
分辨率：数字视频影像的像素数目，即总行数以及每一行中包含像素的数目。
画面宽高比：画面在拍摄、存储及还原过程中的宽高比，对于某些实际的视频系统，画面宽高比在不同阶段有可能发生改变。

像素宽高比：独立像素的宽高比。

色彩及采样方式：需要对色彩空间和采样方式进行定义。

7.2 主要视频格式介绍

数字视频格式的分类是一个较易混淆的问题，根据划分的标准不同，可得到不同的分类方法。比如，从使用阶段来划分，可将众多格式划分为记录、制作、发行以及放映格式等；从是否压缩来划分，可分为压缩格式与非压缩格式；从用途来划分，可分为互联网、电视广播系统以及具有更高分辨率和更高画质的电影所使用的视频格式；从存储介质划分，又可分为磁带格式、硬盘格式等。

以SONY HDCAM为例，按照使用阶段来划分，HDCAM属于一种记录格式；按照是否压缩来划分，HDCAM属于压缩类型；按照用途来划分，HDCAM更多使用于高清电视系统，在数年前也被广泛应用于数字电影的拍摄；从存储介质划分，HDCAM属于一种磁带记录格式。

本节将对各主要视频格式进行简要介绍。

7.2.1 国际电信联盟定义的视频标准

Rec. 601

Rec.601制定于1982年，是ITU-R Recommendation BT.601的缩写，有时也写做BT.601或CCIR 601，最初是国际电信联盟的无线电通讯部（International Telecommunication Union – Radiocommunications sector）为了对模拟隔行扫描视频信号进行数字视频编码而专门制定的，所以可将该标准理解为关于标准清晰度的数字视频标准。该标准规定了525/60i和625/50i的采样方法，即每行均对亮度采用720个采样点，同时对两个色度分量（C_b和C_r）采用360个采样点，即我们通常所说的YC_bC_r 4∶2∶2方式。对于同一行中两个相邻像素，亮度及色度信息以Y∶C_b∶Y∶C_r的顺序排列。

Rec.601是模拟标清分量视频的数字编码标准，该标准同时也规定了水平与垂直同步信号以及消隐等相关内容。不论采用何种行数及场频，其亮度采样频率恒为13.5MHz。亮度采样的量化位深最低为8比特，色度采样的量化位深最低为4比特。

最初制定的Rec.601仅对并行传输接口进行了定义，串行传输标准是在之后添加进来的。Rec.601中的8比特串行格式曾经使用于D1数字录像带，9比特和10比特格式则被用于更远距离的传输。10比特串行数字接口（之后被SMPTE采纳，成为SMPTE 259M）是最常用的一种格式，被大多数标清数字专业设备所采纳，成为行业内的一项重要标准。此格式最早被D5数字录像带所使用，码率为270兆比特/秒。

Rec.601的8比特版本具有165.9兆比特/秒的码率，亮度信号的码值从16到235为有效范围，小于16为黑，大于235为白，而0至255只被同步信号使用。

Rec.601的像素排列结构及亮度与色度的排列方式被众多其他标准所采纳，比如MPEG等。

Rec. 709

Rec.709是ITU-R Recommendation BT.709的缩写，也写作BT.709。Rec.709是最通用的一种高清数字视频标准，画面宽高比为16：9。该标准被绝大多数专业视频设备制造厂家所接受，其最初的版本发布于1990年。Rec.709主要规定了以下一些内容：

Rec.709所规定的视频画面像素数目约为200万个。不论以隔行还是逐行方式扫描，其总行数均为1080行。实际上Rec.709也包含1035和1152行的定义，但是在实践中被绝大多数使用者所放弃。

Rec.709所定义的像素宽高比为1：1，即正方形。为了将1080行的高清标准统一起来，Rec.709对通用图像格式（common image format，简称CIF）做了定义，将每一帧画面的参数与视频影像的帧速率及扫描方式分离，不论视频影像以何种方式扫描以及具有何种帧速率，其每一帧画面的行数及总像素数目都是一致的。

Rec.709定义了以下几种帧速率：60Hz、50Hz、30Hz、25Hz和24Hz，以及这些帧速率所对应的59.94Hz、29.97Hz、24.98Hz，后者与前者相差千分之一，详情见第9章。

在视频的获取阶段，可以采用逐行或者隔行的扫描方式。在视频的传输阶段，以逐行扫描方式获得的视频影像可以用逐行方式传输，也可以用逐行分段帧（progressive segmented frame，简称PsF）方式传输，前提是场频必须是帧频的两倍，详见第4章。以隔行扫描方式获得的视频影像可以用隔行的方式进行传输。

与Rec.601一样，Rec.709也具有8比特和10比特两种形式的量化位深。8比特形式一般用于民用领域，而10比特形式更多是被专业设备所使用。

Rec.709所定义的色彩空间已经被各类视频格式广泛采纳，所以它是一项非常重要的定义。Rec.709规定的白点、纯色红、纯色绿以及纯色蓝的色度值见表6-1：

表6-1 Rec.709基色色度值

x_W	y_W	x_R	y_R	x_G	y_G	x_B	y_B
0.3127	0.3290	0.64	0.33	0.30	0.60	0.15	0.06

这里需要注意的是，Rec.709所定义的白点和红绿蓝三色值与sRGB相同，它们的伽马值均为2.2，其中白点的色温为D_{65}。

7.2.2 数字视频记录格式

Digital Betacam

Digital Betacam也写为DigiBeta或D-Beta，由索尼公司于1993年发布，是专业数字标清视频制作过程中使用的主要记录格式。Digital Betacam是模拟格式Betacam的数字版本。Digital Betacam磁带的时长从40分钟到124分钟不等。

Digital Betacam在记录时采用为DCT（离散余弦变换）压缩算法、720×480（NTSC制）或720×576（PAL制）分辨率以及分量方式，每通道的量化位深均为10比特，采样比为4：2：2。其视频码率为90Mbit/s。

Digital Betacam具有4路数字声轨，采用无压缩PCM编码，采样频率为48kHz，量化深度为20比特。同时还提供一条模拟声轨和专用时码磁迹。

Digital Betacam得以迅速广泛应用的一个重要原因是它所使用的视频缆线与原有模拟系统兼容，这一点对专业制作机构非常重要，演播室或后期制作部门在从模拟设备升级到Digital Betacam的过程中并不需要重新布线，原有同轴缆线网络完全可以使用，省去了很多工作。

DV

DV是民用领域曾经被广泛使用的一种标清数字视频格式。由于采用帧内压缩的算法，所以这种格式比较便于剪辑。DV采用DCT对每一场进行单独压缩，其音频是非压缩的。

DV格式基本上遵循Rec.601标准，扫描方式为隔行扫描。其亮度信息采样频率为13.5MHz，帧速率采用60i和50i两种形式，如果是60i，每一帧画面的实际有效行数为480，如果是50i，其有效行数为576，以上两种帧速率及其对应的水平行数，实际上就是模拟NTSC制与PAL制的数字版本。不论采用哪一种制式，其每一行内的水平亮度采样数目均为720。DV同时支持4：3和16：9的画面宽高比，不同的画面宽高比需要由不同的像素宽高比来实现。

PAL制DV采用4:2:0的色彩采样方式，而NTSC制DV采用4:1:1的色度采样方式。理论上，4：2：0采样方式的色彩分辨率在水平方向与垂直方向上更加均衡。较低的色彩采样率造成对影像进行抠像处理时会经常出现错误，当然也不乏大量成功抠像的例子。

DV支持以下几种音频格式：2路16bit/48kHz PCM编码，每路带宽768kbit/s；4路12bit/32kHz PCM编码，每路带宽384kbit/s；2路16bit/44.1kHz PCM音频编码，每路带宽706kbit/s。在实际生产过程中，最常使用的是48kHz的立体声轨。

DVCPRO（D7）

DVCPRO也称作DVCPRO25，其中25表示25Mbit/s的码率，这一码率与DV基本相同。该格式是松下公司于1995年提出的，其目的主要是与索尼等公司的DV格式争夺市场份额。

DVCPRO是一种数字标清视频格式，也支持50i与60i两种场频，但是松下选择的色彩采样方式只有4∶1∶1一种，虽然普遍认为4∶1∶1采样方式的色彩水平分辨率是垂直分辨率的四分之一，造成了两个方向上色彩分辨率的不均衡，但是有研究表明，4∶2∶0采样所使用的滤波方式更容易造成视觉上的瑕疵。同时，4∶2∶0采样方式经过反复录制压缩后，其衰减也要大于4∶1∶1。这里值得注意的是，采用数字技术的录制过程并没有对视频影像本身造成任何损失，但是反复编码压缩会对影像造成不可挽回的严重损失。

DVCPRO50

DVCPRO50是DVCPRO的专业版本，由松下公司于1997年发布，其码率是DVCPRO的两倍，与DVCPRO使用相同的磁带，但是录制时长是DVCPRO的一半。

DVCPRO50将色彩采样提高到4∶2∶2这一专业级别，同时，其压缩比由DVCPRO的5∶1提高到3.3∶1。DVCPRO50的质量与索尼的Digital Betacam相当，属于标清级别的专业格式，曾经被大量电视节目所采用，如2005年由BBC制作的纪录片《太空竞赛》（*Space Race*）就使用了DVCPRO50格式。

DVCPRO100

DVCPRO100也写作DVCPRO HD，是松下的高清专业级格式，其最高码率是DVCPRO的4倍，是DVCPRO50的2倍。DVCPRO100的码率取决于帧速率，在24p的情况下，其最低码率是40Mbit/s，在50/60p的情况下，达到最高100Mbit/s的码率。同样，其色彩采样方式为4∶2∶2。

在记录时，DVCPRO100的分辨率低于Rec.709标准，即没有达到真正意义上的高清标准。在逐行扫描模式下，其实际分辨率是960×720；在60i情况下，其分辨率是1280×1080。为了与HD-SDI接口兼容，DVCPRO100在回放时将分辨率上变换到1920×1080的高清分辨率。

DVCPRO100可支持从4p到60p的不同帧速率。同时，DVCPRO系列具有向下兼容性，既支持DVCPRO100的设备也可以兼容DVCPRO50和DVCPRO格式。DVCPRO100除了可以记录在磁带上，也可以记录于P2闪存。DVCPRO100格式最有力的竞争对手是索尼公司的具有更高码率的HDCAM。

HDV

HDV格式是将高清数字视频存储于原有标清DV磁带上的一种过渡格式，被索尼、佳能、JVC和夏普四家公司所采用，曾于本世纪初占领了大量市场份额。其主要特点是成本低，凭借较低的设备成本和远优于DV的影像质量，在民用领域得到广泛认可。HDV的码率与DV码率基本相同，采用的是相对效率较高的MPEG2压缩算法。

HDV主要分为两个类型，HDV 720p和HDV 1080i，前者又称为HDV1，被JVC采用，后者又称为HDV2，主要被索尼采用。

AVC-Intra

AVC-Intra是除DVCPRO系列之外松下推出的又一视频格式系列。松下于2007年宣布支持AVC-Intra格式，该格式采用H.264/MPEG-4 AVC帧内压缩编码。AVC-Intra格式视频可以存储于松下的P2系列固态存储卡，同时也支持其他的存储形式。

由于采用了较先进的压缩算法，在相同码率情况下，AVC-Intra格式的影像质量明显高于DVCPOR100及其他同级别格式。特别是它采用了更便于编辑的帧内压缩算法，而且众多后期设备生产厂家也支持该格式，所以AVC-Intra不仅仅被用作一种记录格式，也被广泛应用于后期制作阶段。

AVC-Intra具有AVC-Intra 50、AVC-Intra 100以及AVC-Intra Ultra三种类型。AVC-Intra 50的码率为50Mbit/s，AVC-Intra 100的码率为100Mbit/s，AVC-Intra Ultra的最高码率可达到440Mbit。

DNxHD

DNxHD是Avid公司推出的一种视频格式，在Avid公司的各类后期制作软件中被广泛应用。DNxHD具有220Mbit/s、145Mbit/s和36Mbit/s三种类型。

HDCAM（D11）

HDCAM由索尼公司于1997年发布，可以将其视为Digital Betacam的高清版本。HDCAM的量化位深为8比特，采用了非常独特的3：1：1采样比。在一行中，其亮度采样数目为1440，而两个色彩分量C_b、C_r的采样数目为480。在回放时，将其分辨率上变换到1920×1080的标准。由于采用了更高的码率，其压缩比为4.4：1，小于DVCPRO100的6.7：1。为了兼容电影拍摄，HDCAM增加了24p和23.976PsF两种形式的帧速率。其视频码率恒为144Mbit/s，音频采用4路20bit/48kHz数字声轨。HDCAM在市场上取得了巨大成功，一度成为高清视频领域的最主要格式。

HDCAM SR（D16）

HDCAM SR由索尼公司于2003年推出，复合SMPTE 409M标准。HDCAM SR磁带的密度更大，能够达到600Mbit/s的高码率，其中视频码率为440Mbit/s。HDCAM SR量化位深为10比特，色彩采样支持4：2：2和4：4：4两种方式。采用4：2：2方式时，HDCAM SR视频压缩比为2.78：1；采用4：4：4方式时，其压缩比为4.2：1。HDCAM SR的压缩编码采用更新的MPEG4。由于存储带宽较高，HDCAM SR使得索尼在专业产品中首次实现真正意义上的1920×1080高清分辨率。具有HQ模式的HDCAM SR录像机可以实现高达880Mbit/s的带宽，从而能够录制两路4：2：2的全高清视频影像。在固态硬盘和闪存等半导体存储系统还未广泛使用之前，HDCAM SR录像机是拍摄高清3D影片的主要设备。HDCAM SR具有12路48kHz/24bit非压缩数字声轨。

D5 HD

D5 HD是松下公司推出的视频格式，符合SMPTE D5标准，并且采用了相同的名称。松下推出D5 HD的主要目的是与索尼公司的HDCAM SR分享高端市场。D5 HD采用M-JPEG帧内压缩算法，视频压缩比为4：1。在采用60p和59.94p的帧速率时，其水平扫描行数为720，采用24p、25p和30p时，其水平扫描行数为1080。D5 HD可支持4路48kHz/24bitPCM音轨或8路48kHz/20bit音轨。对于不同的扫描方式及帧速率，D5 HD具有不同的码率，最高可达223Mbit/s。

由于松下推出的数字摄影机主要采用DVCPRO100或P2等格式，截止2010年，还没有一台数字摄影机可以直接拍摄D5 HD格式。D5 HD格式主要应用于电影或电视后期制作领域，在胶转磁及数字母版制作等领域被大量使用。

2007年松下专门为D5 HD录像机提供了一种附件（型号为AJ-HDP2000），该附件使D5 HD录像机录制2K（4：4：4）分辨电影画面成为可能，其压缩编码为JPEG2000。

ProRes

ProRes是苹果公司推出的一种同时适用于高清和标清的视频编码格式，推出之始将其定位于一种后期制作格式，也是苹果Final Cut Studio家族的制作格式。ProRes的压缩编码基于离散余弦变换，与较先进的H.264等编码相比，在解码过程中占用的资源更少。ProRes家族分为ProRes422和ProRes444两种主要类型，每种类型的码率都根据其分辨率、帧速率及压缩质量而不同，表6-2是ProRes422的码率表：

表6-2　ProRes422码率表

分辨率	帧速率（fps）	高画质码率（Mbps）	高画质数据量（GB/min）	基础码率（Mbps）	基础数据量（GB/min）
720×486	29.97	63	0.47	42	0.32
720×576	25	61	0.46	41	0.31
1280×720	23.976	88	0.66	59	0.44
1280×720	25	92	0.69	61	0.46
1280×720	29.97	110	0.82	73	0.55
1280×720	50	184	1.38	122	0.92
1280×720	59.94	220	1.65	147	1.10
1920×1080	23.976	176	1.32	117	0.88
1920×1080	25	184	1.38	122	0.92
1920×1080	29.97	220	1.65	147	1.10

DCI

数字电影倡导组织（DCI）于2005年发布了“数字影院系统规范1.0版”（digital cinema system specification，version 1.0），简称为“DCI规范”。“DCI规范”详细制定了所有与数字影院系统相关的设备规范及技术标准。

该组织于2007年和2008年先后发布了“DCI规范1.1版”和“DCI规范1.2版”。从1.1版本开始，“DCI规范”开始对3D（立体）数字电影放映技术制定详细的标准。所有版本的“DCI规范”均可以从www.dcimovie.com网站下载。

基于SMPTE和ISO标准，“DCI规范”采用JPEG2000技术对图像进行压缩。“DCI规范”详细描述了从数字电影发行母版（digital cinema distribution master，简称DCDM）到数字电影包（digital cinema package，简称DCP）的全部制作流程规范以及版权保护等内容。

“DCI规范”同时也对数字电影放映制定了详尽的标准，比如影院环境光强度、银幕亮度、白光色温、银幕宽高比及像素宽高比等内容。“DCI规范”中并没有制定影像、声音数据以及其他信息以何种形式存在于数字拷贝中，这一部分内容需要参照

SMPTE中的数字影院相关标准。

"DCI规范"技术标准摘要如下：

2D影像：

2048×1080（2k）/24 fps或48 fps，4096×2160（4k）/24 fps

2.39∶1银幕宽高比时的图像分辨率为2048×858（2k）

1.85∶1银幕宽高比时的图像分辨率为1998×1080（2k）

2.39∶1银幕宽高比时的图像分辨率为4096×1716（4K）

1.85∶1银幕宽高比时的图像分辨率为3996×2160（4k）

量化位深为12比特，传输接口为双路HD-SDI，传输过程中进行加密

当帧速率为48fps时量化位深可以降低为10比特

采用CIE XYZ色彩空间

以TIFF 6.0格式封装（每帧画面以独立文件方式封装）

JPEG 2000压缩

4.71比特/像素（2K/24fps时）

2.35比特/像素（2K/48fps时）

1.17比特/像素（4K/24fps时）

最高码率250 Mbit/s

立体3D影像：

双眼2048×1080（2K）/48fps（不支持3D 4K）

2.39∶1银幕宽高比时的图像分辨率为2048×858（2k）

1.85∶1银幕宽高比时的图像分辨率为1998×1080（2k）

在仅以HD-SDI为传输接口时，单眼影像量化位深为10比特，采样方式采用4∶2∶2

声音：

24 bit/48kHz或24bit/96kHz

最高支持16路声轨

采用WAV封装，采用无压缩PCM编码

7.2.3 视频文件的封装

视频数据必须以某种具体的文件格式存储。文件格式规定了视频影像数据以及其

他元数据（metadata）存储时的结构，也称为封装器（container），视频数据流转换为特定格式文件的过程称为封装。

这里需要特别注意的是，封装过程并不是压缩编码过程，封装器本身并没有对视频影像进行压缩。有时，同一种封装器可以对不同压缩编码的视频影像进行封装，同一种压缩编码的视频影像也可以以不同格式的文件存储。例如，AVI格式是微软公司发布的一种非常流行的封装器，可以封装以MPEG、MPEG4、M-JPEG、Cinepak和Real Time等形式进行压缩编码的视频文件，甚至还可以封装无压缩视频文件。一个可以读取AVI视频文件的视频播放器并不一定能够播放所有合法AVI视频文件，因为该播放器不一定具有全部解码器（decoder）。

广义上的封装器可以将不同形式的数据以特定的结构存储下来。视频封装器则可将视频数据、音频数据、字幕信息、时码信息、同步信息以及各类元数据等以特定的结构存储下来。多数情况下，封装器的文件头（header）存储了各类元数据及同步信息。封装器的功能越强，其文件头的内容也就越丰富。

以下是部分主流视频封装器分类及简介：

静态图像封装器

TIFF：标签图像文件格式（tagged image file format），对静态图像及合法元数据进行封装，文件后缀为tif或tiff。

多媒体封装器：

AVI：微软视窗操作系统的标准封装器。

Flash Video：Adobe公司发布的封装器，具有很强的交互功能，文件后缀名为FLV或F4V。

VOB（Video Object）：DVD视频的通用封装器，该封装器将视频、音频、字幕、菜单以及导航功能等内容集于一体。

Quick Time：苹果公司发布的封装器，文件后缀名为MOV。该封装器可封装多路视音频数据流，同时可封装各种转场特效。

Real Media：在互联网上非常流行的一种封装器，由RealNetworks发布。

电影制作常用封装器：

REDCODE RAW：由“红数字电影摄影机公司”（Red Digital Cinema Camera Company）发布的视频文件格式，文件后缀名为R3D。其视频为有损压缩，音频为无损压缩。该格式的视频文件可在电影拍摄时由RED ONE数字摄影机直接记录于硬盘或闪存卡上。

MXF（material exchange format）：SMPTE为专业视频定义的封装器。MXF具有非常完善的时码及元数据支持功能，其设计具有较强的前瞻性，可跨系统运行。

DPX（digital picture exchange）：SMPTE为电影制作流程中的数字中间片及特效所专门制定的无压缩封装器。DPX支持电影伽马，每一帧图像独立封装。

第8章 视频的存储

摄像机或数字电影摄影机是将光信号转换为电信号的设备，在光电转换过程完成后，将所拍摄的视频影像记录下来的过程就是视频的存储过程。本章着重介绍前期拍摄过程中经常使用的两种存储技术----磁带和半导体。

8.1 磁带录像机工作原理

磁带作为历史上最主要的视频存储介质已经被广泛使用了很长时间。虽然近几年来磁带被其他存储介质替代的趋势越来越明显，但是了解磁带及磁带录像机的工作原理仍然有助于我们掌握视频技术的全貌。

广义上讲，磁带本身是一种磁记录介质。磁带录像机在记录时将电压的变化（电信号）转换为磁场的变化，然后作为磁迹记录于磁带上。磁头从本质上讲是一种电磁转换元件，将不断变化的视频电信号转换为磁场的变化，变化的磁场又会对涂布于磁带表面的磁性材料进行磁化，磁化的程度取决于视频电信号的变化强度。当录像机读取磁带上记录的视频信息时，磁带上磁迹（剩磁）强度的变化会被读取并最终转化为视频电信号，该信号经过一系列处理后最终形成影像展示给观众。

磁头是完成电磁转换工作的关键元件，磁头的结构主要由近似闭合的导磁材料以及缠绕其上的线圈组成。如图8-1，线圈中电流强度的变化会以磁场变化的形式表现出来，导磁材料的非闭合位置是一个缺口，磁场的变化会从这个缺口中释放出来。如果导磁材料是一个闭合的环路，磁头产生的磁场也将形成闭路。当表面涂有磁性材料

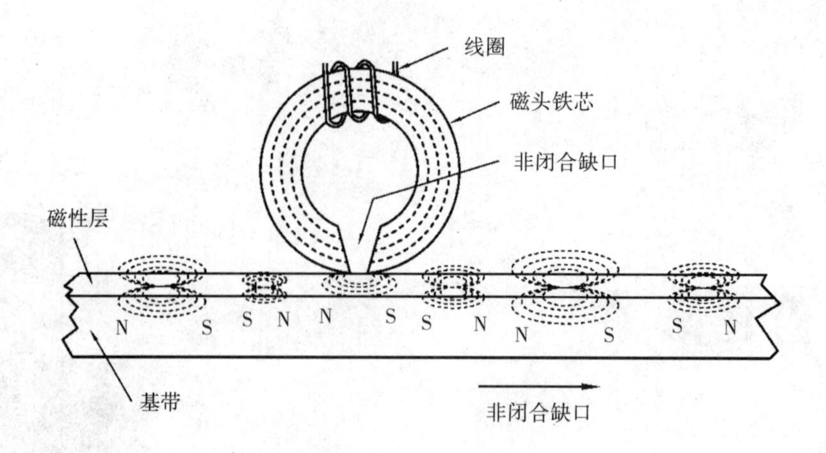

图8-1 磁头与磁带的工作原理示意图

的磁带在磁头的缺口部分经过时，磁头所产生的磁场会对磁性材料进行磁化，当磁带从磁头缺口部分移开后，就形成了剩磁，也称为磁迹。这样，电信号的变化就转换成为磁带上的磁迹。

磁带的回放与记录是相反的过程。在回放时，磁带从播放磁头的空隙经过，磁迹的变化会使磁头中的线圈产生电流，电流的强度与磁带上剩磁的强度相关，这就是将磁信号转换为电信号的过程。在磁头中产生的电流变化是相对微弱的，录像机的后续电路会对该电流进行放大等一系列处理，最终以图像或声音的方式播放出来。

磁带的结构主要分成两个部分，第一部分为基带，基带并非磁性介质，主要起到依附及传送磁性材料的作用。在基带之上是一层磁性层，如图8-1。各种视频、音频信息均会记录于磁性层之上，其材料一般为金属或金属氧化物。将金属或金属氧化物研磨成极其微小的颗粒，与溶胶混合后涂布于基带表面，从而形成磁性层。一般来讲，磁带根据其磁性材料的性质可分为金属氧化物磁带和金属磁带两种，后者的性能要优于前者。

不论是连续的模拟信号还是离散的数字信号，均可以记录在磁带上。

有时我们需要将磁带上记录的信息部分或者完全删除，在录像机中一般会有一个专门的磁头负责删除工作，被称为消磁磁头，删除磁迹的过程即为消磁。消磁的方法是给消磁磁头中的线圈加载频率较高而且强度较大的交流电流，当磁带从消磁磁头经过时，原有磁迹会被新的消磁磁场所覆盖，相当于将原有的信息全部删除。需要注意的是，磁带上记录信息的删除原理与电脑硬盘上信息的删除原理不同，对于后者，系统只是对被删的信息做了一个“删除标记”，被删除的信息实际上还保存在硬盘中，只是使用者看不到而已，如果这些信息没有被覆盖，使用特殊方法是可以将它们复原的；但磁带的消磁是真正从物理层面上将原有信息删除，是无法恢复的。

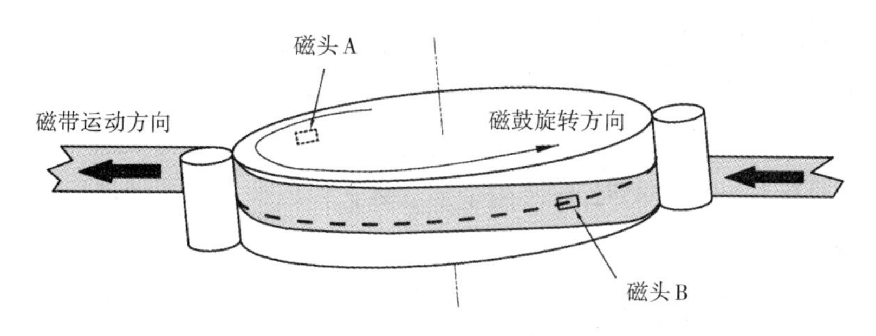

图8-2 磁鼓与磁带的相对运动

在每次录制时，磁带在通过录制磁头之前都要首先经过消磁磁头，即在录制新信息之前，原有信息首先要被删除，这样做的目的是消除原有剩磁对新信号的影响。此外，对于一些专业录像机，可以对磁带上的图像、声音以及时码等内容进行单独消磁或者录制。

不论是记录数字信息还是模拟信息，磁带相对于磁头的移动速度越快，其记录质量越好，更高的速度意味着更多的感磁物质被用来记录相同的信息，从而提高信息的信噪比。我们在使用家用录像机时常常会发现，当选择更慢的带速录制节目时，影像的质量会下降。选择较慢带速的唯一好处就是可以录制更多的节目。

从实际机械工艺角度考虑，磁带的走带速度是不能无限提高的，为了提高磁带与磁头的相对速度，绝大多数录像机均使用了磁鼓这一特殊机构。磁鼓是一种可以携带众多磁头的鼓状元件，如图8-2所示，这是双磁头的模拟录像机的磁鼓及走带示意图。磁鼓本身可以旋转，其旋转方向与磁带相反，而且速度远远超过磁带，这样就实现了磁带与磁头之间较高的相对速度。

在录像机中，磁带的运动方向与磁鼓的旋转方向之间存在一定的角度，造成磁带上的磁迹不是连续的，而是以图8-3所示的方向排列。这种磁带与磁鼓之间的运动方式称为螺旋扫描（helical scan），其优势在于可以在不增加磁头数目的情况下更加充

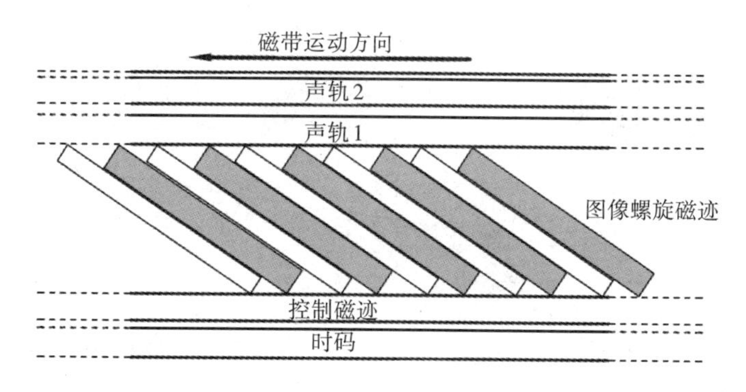

图8-3 螺旋磁迹

分地利用磁带的宽度，大幅度提高磁带的使用效率。更重要的是，采用螺旋扫描使得播放静止画面成为可能。对于模拟磁带，每一条倾斜的磁迹正好记录一场视频信息，这样即使在磁带静止的情况下，只要磁鼓旋转，磁头就可以反复不断地扫描某一场的磁迹信息，而且每一个磁鼓上都安装两个播放磁头，磁鼓每旋转一周，就可以完成两场或一帧的扫描。

但是使用螺旋扫描也会带来一些问题，在磁鼓旋转速度一定的条件下，只有保证录制与播放时磁带走带速度相同才能正确还原视频影像，如果速度不一致，比如播放时磁带静止（播放静帧画面），就会出现磁头在磁带上的扫描轨迹偏离原有录制磁迹的情况，造成播放错误。如图8-4所示，实线部分是录制时产生的磁迹，虚线是播放时磁带静止磁头扫描过的磁迹，由于播放速度低于录制速度，使得虚线的倾角更大，造成二者之间的偏离。解决这一问题的方法有两种，一是在播放时改变磁鼓的旋转速度，使磁带与磁鼓的相对速度与录制时一致；二是在录制时记录较宽的磁迹，而播放时采用较窄的磁头读取以补偿上述误差。

对于更为先进的数字录像机，其螺旋磁迹的倾角更大，磁头的数量也更多，一场画面的内容记录于多条磁迹。

视频磁带中还有一条水平控制磁迹，如图8-3。控制磁迹的作用类似于胶片上的片孔，记录了每一条螺旋磁迹的位置等信息，如果没有控制磁迹，在播放磁带时录像机将无法对螺旋磁迹进行准确定位。

此外，视频磁带中的时码信息和声轨也是水平磁迹，在某些数字磁带中，信息量较大的数字声轨也采用螺旋磁迹的方式记录。

虽然采用螺旋扫描使录像机的机械结构更为复杂，而且增加了设备的成本，但相比于其带来的好处，螺旋扫描还是被绝大多数录像机所使用。

以上每一种磁迹都需要专门的录制和读取磁头与之对应。不难理解，所有螺旋磁迹都需要使用旋转的磁鼓来记录和读取，而所有水平磁迹都需要使用固定磁头进行记录和读取。

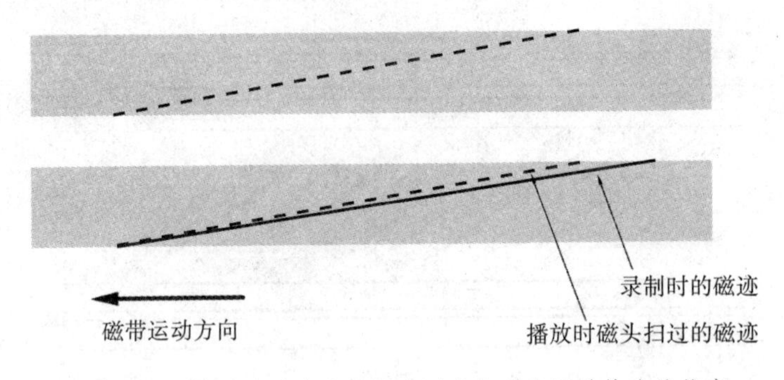

图8-4 变速放映时产生的原有磁迹与磁头运动轨迹的偏离

8.2　半导体储存设备

近年来，大量的闪存（flash memory）以及固态硬盘（solid state disk或solid state drive，简称SSD）被用作前期拍摄过程中视频、音频的存储设备。传统的磁带和普通硬盘利用电磁感应原理在磁介质上记录信息，而闪存或固态硬盘则直接利用半导体芯片记录信息。

固态硬盘有两大类，第一大类基于闪存技术，闪存本身是一种永久性的存储技术，其特点是只需要在读写过程中加载外部电源，而在不通电的情况下，记录于闪存内的信息不会丢失；另一大类则基于动态随机存储技术（dynamic random access memory，简称DRAM），DRAM是一种非永久性存储技术，存储器一旦断电，其中存储的信息也将丢失。目前大量应用的固态硬盘几乎全部是基于闪存技术的。

我们在日常交流过程中，将体积较小的可直接插入数字摄影机内部的固态存储设备统称为闪存卡，而将体积较大的一般作为外部单元的固态存储设备称为固态硬盘。从应用的角度看，这两类设备的原理非常相近，其差别主要体现在体积以及容量上。图8-5a是由德国阿莱公司生产的艾丽莎数字摄影机所使用的SXS闪存卡，摄影机可将压缩后的视音频信息记录于内部的闪存卡上；同时，无压缩的视音频信息也可记录于由第三方提供的外部固态存储设备，比如Codex便携式存储设备，如图8-5b。记录于闪存卡上的压缩视音频信息质量相对低一些，可直接用于电视、网络等领域的节目制作，也可做为电影剪辑过程中的代理文件，记录于外部存储设备的无压缩文件主要用于电影。

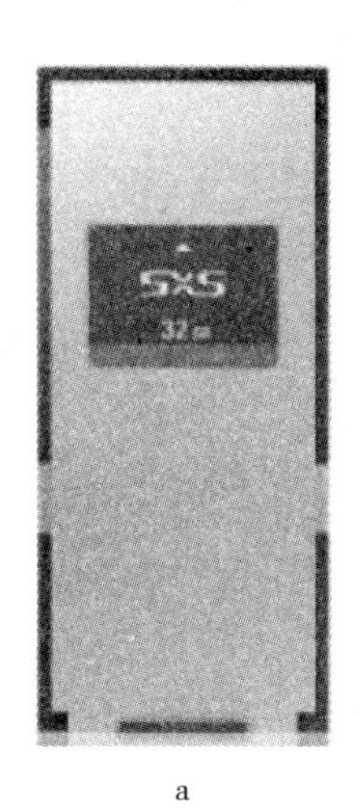

a

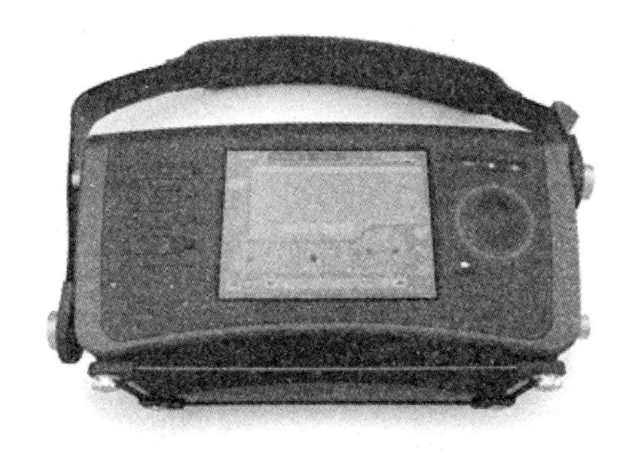

b

图8-5　闪存卡及便携式存储设备

固态存储设备与传统的磁介质存储设备相比具有很多优点。首先，硬盘或磁带录像机内部具有大量的机械机构，而固态半导体存储设备内部没有任何机械机构，这样使得固态硬盘或闪存在可靠性上远远优于磁介质存储设备，特别适用于现场拍摄的复杂环境。其次，固态半导体存储设备的读写速度远远高于磁介质存储设备，这样为实时记录高分辨率无压缩画面提供了保障。再次，固态储存设备的体积一般要小于磁性存储设备，从而提高了摄影器材的便捷性。

但是固态存储设备仍然存在一些缺点，其中最主要的问题是其成本仍远远高于传统的磁记录介质。由于成本相对较高，固态硬盘不能作为一种素材保存媒介。比如在拍摄一部电影的过程中，每天拍摄的记录在固态硬盘上的素材必须要转存到硬盘阵列或磁带上面，这就为素材的管理提出了新的挑战，同时也增加了素材备份的额外成本。另外，虽然固态硬盘的可靠性理论上高于磁介质存储设备，但是一旦遭到损毁，其全盘数据尽失，而硬盘或磁带上的信息则可根据损毁程度得到部分的复原。

以上的缺点也是阻碍半导体存储设备快速、全面取代磁介质存储的主要原因。但是随着技术的进步，相信半导体存储设备的制造成本会进一步降低，可靠性也会进一步提高，在不久的将来，磁带会率先从电影前期拍摄过程退出历史舞台。

第9章
时间与时码

第四章着重介绍了关于扫描的问题，本章重点介绍扫描速度以及与时码相关的内容。

时间码（time code）简称时码，是在视频影像拍摄及制作过程中非常重要的一个概念，也是制作者必须要学会利用的工具，本章将对时间码的原理及分类进行详细介绍。

从电影诞生以来，电影主要采用的是24帧/秒的拍摄速度，而视频影像的拍摄速度则有很多种。在视频影像的拍摄及制作过程中，如何选择不同的拍摄速度及如何在不同的拍摄速度间相互转换是一个非常重要的问题。

9.1　不同拍摄速度的选择及其转换

第一部采用24p拍摄的数字摄影机在20世纪90年代才出现，它是索尼公司专门为乔治·卢卡斯的《星球大战》系列电影而设计生产的。即使该摄影机同样采用每秒24帧的拍摄速度和逐行扫描的技术，其最终影像对运动的表现与采用胶片拍摄的电影也不尽相同。首先，采用电子快门的数字摄影机与使用机械叶子板的传统电影摄影机对运动模糊的表现存在差异；其次，由于该数字摄影机感光元件面积小于35mm胶片的面积，造成较深的景深，相对清晰的影像容易对运动的流畅性产生视觉上的影响。从运动表现角度讨论，真正意义上的数字电影摄影机必须具备以下几项条件：与35mm胶片相同的画幅尺寸；采用机械叶子板；能够以24p模式拍摄。目前德国阿莱公司等众多厂商生产的数字电影摄影机符合上述条件。虽然不能简单地认为电影影像与视频影像只是帧速率和分辨率上的差别，但是拍摄速度是电影与视频的一项非常重要的差别，不同影像帧速率之间的转换是一个经常需要解决的问题。

9.1.1 帧速率的转换

不同类型数字摄影机的拍摄速度及扫描方式是不一样的。对拍摄速度及扫描方式的选择是一个非常重要的问题，它与整个影片的制作流程、影片预算以及最终放映方式等紧密相关。同时，在制作的过程中往往需要将影片在不同拍摄速度之间相互转换。假设采用24帧每秒拍摄的电影在采用NTSC制国家的电视系统中播放，我们需要将原有的24p转换成60i；又如采用50i拍摄的视频需要在电影院播放，那么，如何才能将其转换为24p？

50i与24p之间的转换

PAL制50i与24p之间的相互转换相对简单。50i视频每秒记录25帧或50场画面，其中两场组成一帧。如果将24p转换成50i视频，每一秒就需要增加一帧画面，最简单的方法就是在原有24帧画面中挑选一帧进行复制，从而得到每秒25帧的帧速率，然后再将每一帧画面分解成两场，最终得到50i的视频。这种方法最主要的问题是新增加的重复帧会造成运动的停顿，而且这种停顿在视觉上非常明显。这里需要说明的是，目前还不存在一款成熟的处理系统可以对运动影像进行插值运算从而改变其帧速率，因为这种运算太过复杂，假设存在这样的软件，该软件必须对一秒内所有的画面均进行插值运算才能得到运动流畅的结果。

在实际制作过程中，50i与24p之间的相互转换采用直接改变播放速度的方法。由于每秒24帧和每秒25帧的帧速率相差非常小，人眼感觉不到1/24的运动速度改变，所以直接将电影的24p画面以每秒25帧的速度播放就可以了，反之亦然。经验告诉我们，观众一般无法发现这种速度的改变。如果只改变画面播放速度会造成声画不同步，解决方法是提高或降低声音的播放速度，但是这样会造成音高的变化。如果是24p电影转化为50i视频，必须提高声音的播放速度才能保证声画同步，从而造成声调的提高。普通观众对这种幅度的声调变化不是很敏感，多数情况下不需要对声音进行处理，如果必须处理，则可以在后期制作时将声调还原。在各类声音处理软件中，变调处理是相对容易实现的，当然有时也需要有经验的录音师进行人工处理。

24p与60i之间的转换

24p与60i之间的转换需要将每秒24帧的运动画面转换成每秒30帧，显然不能简单地采用改变播放速度的方法，二者之间的帧速率相差较大，如果采用直接变速的方法，观众会很容易察觉到运动速度的异常。

北美地区采用的NTSC制视频标准的扫描模式是60i，而美国又是世界上电影工业最为发达的国家，所以24p与60i之间的转换是最常用的一种转换。24p到60i的转换需要在每4帧24p影像中增加1帧，也就是将4帧24p画面转换为5帧60i画面，一般使用2：3下拉变换（2：3 Pulldown）来完成这项任务，又称为2：3：2：3下拉变换。

如图9-1所示，采用2：3下拉变换可将24p转换为50i或30p。在原有的24p电影画面中，将每4帧画面分为一组，分别用字母A、B、C和D表示。其中画面A被分解成A1和A2两场，A1和A2共同组成新的60i视频画面的第一帧。画面B被分解成B1、B2和B3三场，其中B1是奇数场，B2是偶数场，B1与B2组成60i视频画面的第二帧，B3与B2完全相同，成为60i视频第三帧的第一场。24p中的画面C也被分解成C1和C2两场，其中C1与B3共同组成第三帧，而C2则与D1共同组成第四帧。同理，D画面也被分解为D1、D2和D3三场，其中D1和D2是完全相同的奇数场，D2和D3共同组成第五帧。上述过程完成后，4帧24p画面就转换成为5帧60i画面。24p电影画面中，A帧被分解成两场，B帧被分解成三场，如此反复，这就是2：3下拉变换名称的由来。

2：3下拉变换可以将24p电影画面转换为运动流畅的60i视频画面，是电视电影机最常使用的转换方法。同理，60i视频转换成24p电影的过程是2：3下拉变换的逆过程，即3：2下拉变换。如图9-1所示，在转换过程中，每5帧60i视频中第3帧的第1场B3与第4帧的第2场D1被直接丢弃，其他保留下来的画面直接组成新的4帧24p画面。在24p到60i的转换过程中没有丢弃任何画面，而60i到24p转换的过程中损失

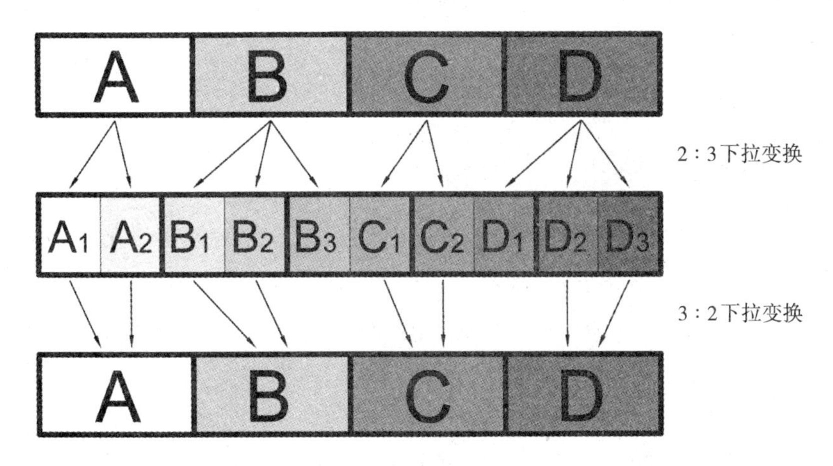

图9-1　2：3下拉变换

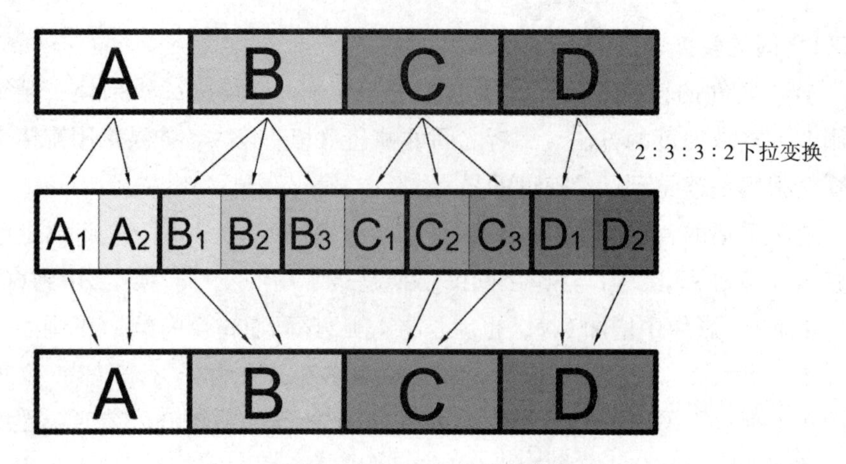

图9–2 2：3：3：2下拉变换

了1/5的画面。

松下公司在2：3下拉变换的基础上又设计了一种2：3：3：2下拉变换，如图9–2。在这种变换方法中，24p电影画面的B、C帧被分解成三场，然后如图示进行重新组合形成60i，好处是在进行逆变换，即60i到24p的转换过程中，直接将60i的第3帧丢弃掉就可以了。对于绝大多数帧内压缩（intra–frame compression）方式来讲，2：3：3：2下拉变换意味着不需要解压缩就可以直接进行60i到24p的变换，更易实现该变换的实时处理。2：3：3：2下拉变换又称为24p优化下拉变换（24p advanced pulldown，简称24pA）。

另外，一些数字摄像机内部也预装有各种下拉变换功能，比如松下的准专业级数字摄像机DVX100就可以记录24p、30p和60i（NTSC制摄像机）等各种帧速率的视频影像。但是需要明确的是，该摄像机的拍摄帧速率并不能改变，我们必须通过摄像机内置的下拉变换功能才能得到不同的帧速率。

9.2 时 码

视频影像的每一帧画面都有一个独立的时码，在影片的拍摄、制作乃至放映过程中都需要时码，本节主要介绍时码的格式、运行方式等问题。

9.2.1 时码格式

传统胶片在片孔外侧每隔一英尺距离会标记一组字符，这组字符除了包含胶片型号、轴号等信息外，其中有4位数字代表英尺数，作用是识别每一幅画面的位置，便于后期剪辑等工作，如图9–3a所示。视频的时码与电影胶片的片边码具有相同的功能，都是为每一帧画面分配一个独立的编号以便识别。视频时码存在的方式有两种，第一种是直接“烧制”在每一帧画面上，这种烧制的时码英文为burn–in timecode，缩写为BITC，在对视频影片进行回放的过程中可以直接在画面上看到它，如图9–3b所示。在后期制作过程，这种带有BITC的视频影片通常作为参考画面，以便于剪辑师或其他工作人员对影片进行精确对位。第二种时码则以独立于画面的形式存在，在数字视频流中一般利用两场或两帧之间的消隐期传输时码信息，在磁带中有专用磁道记录时码。时码的格式一般为HH：MM：SS：FF，其中HH为两位代表小时的数字位，MM、SS和FF分别表示分钟、秒和帧。时码的递进方式与拍摄速度相关。如果采用60i的拍摄方式，每秒钟含有30帧，那么时码中的FF位最大值为29，如果超过29，比如第30帧时，FF位清零同时向SS位进1。这种表示60i的时码通常被称为SMPTE时码。同理，如果采用50i的拍摄方式，FF位的最大值为24，超过24就要向SS递进，此类表示50i的时码被称为EBU（European Broadcast Union，欧洲广播联盟）时码。24p的时码FF最大值为23。

a

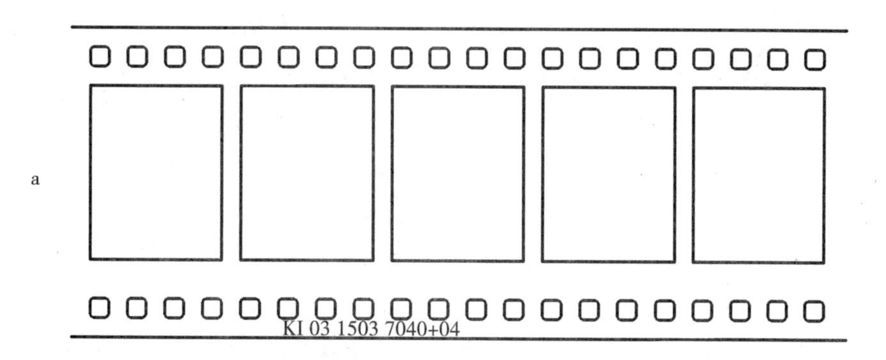

b

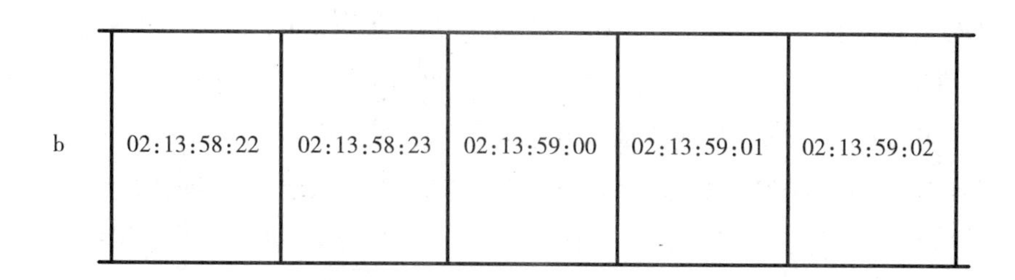

图9–3 片边码与BITC

9.2.2 drop-frame与non-drop-frame

对于采用每秒25帧的PAL制视频和采用每秒24帧的电影来说，每一秒视频所播放的帧数是整数，对于以上两种格式，时码与自然时间可以完全一一对应。

但是对于采用60i格式的NTSC制视频，情况要复杂得多。最初美国黑白电视系统采用每秒30帧即60场的拍摄速度，但是当彩色电视出现后，由于某些技术上的问题——主要是为了防止增加彩色信号后所产生的干扰，将帧速率从60Hz降低了大约一千分之一，实际NTSC制的场速率为59.94Hz，帧速率为29.97Hz，这就使得60i时码变得较为复杂。

如果NTSC制时码不考虑上述千分之一的速度差别，仍然按照每秒30帧计数的话，那么每过1个小时，时码时间与自然时间就会相差3.6秒，也就是一小时的千分之一，一般将这类时码称为non-drop frame，简称NDF。解决上述问题的方法是，在时码计数过程中每隔1000帧“跳过”一帧，即将第1001帧画面直接标记为1002帧，这样处理就可以使得时码所表示的时间与自然时间基本吻合，通常将这类时码称为drop-frame，简称DF。

实际的DF时码并非如前所述。1000帧60i画面约为66.67秒，在对实际视频进行DF时码标识时并不是每隔66.67秒就跳过一帧，这样会造成被跳过的画面没有任何规律。60i视频每小时的总帧数为3600 × 30=108000帧，只要在每小时内跳过108帧即可。实际的DF时码遵循以下规律：跳过每分钟开始时的00帧和01帧，00、10、20、30、40以及50分除外，例如01分的前两帧时码直接表示为00：00：01：02和00：00：01：03，10分的前两帧时码保持正常，且表示为00：10：00：00和00：10：00：01。这样设计正好可以使得每小时忽略108帧，同时使用者也易于记住跳过的时码的位置，如图9-4所示。

以隔行扫描为例，在选择和使用各类数字摄像机的过程中经常会将59.94i和60i混淆起来。实际上众多的销售人员甚至租赁公司中的技术人员也不能准确地告诉用户他们提供的设备具体是59.94i还是60i，他们将其统称为60i。所以在日常交流中如果提及60i，其帧速率既有可能是60i，也有可能是59.94i。大多数所谓60i摄像机的实际拍摄速度是59.94i，当然也存在既能以60i帧速率拍摄又能以59.94i拍摄的摄像机。在设备的选择和使用过程中，要分辨清楚是哪一种具体的帧速率。部分24p系统沿用了NTSC制的传统，也存在23.98p，而PAL制的25p或50i不存在此问题，因为没有任何一种设备可以用24.98p或49.95i进行拍摄。千分之一的时间差别只是NTSC制系统带来的问题，在PAL制及其相关设备中只存在25p和50i。

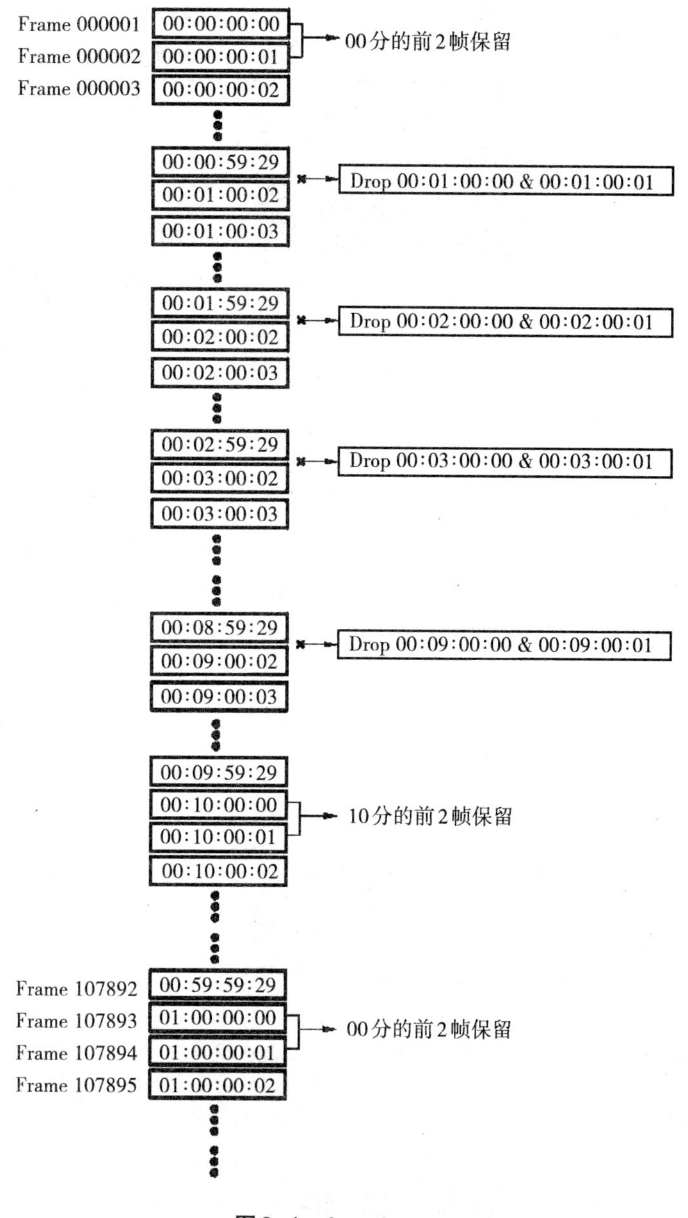

图9-4 drop-frame

9.2.3 VITC与LTC

LTC的时码信息在磁带上的记录方式与音轨一样，都是在磁带上以水平连续的方式记录，如图9-5所示。这类时码称为线性时码（linear timecode，简称LTC）。LTC时码在磁带上以常速或高速回放时可以被磁头轻松识别，但是在慢速回放或者静止的情况下，录像机将无法读取。

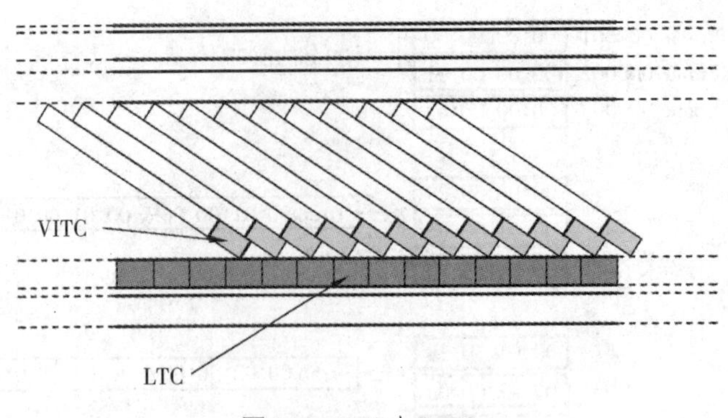

图9-5 LTC与VITC

垂直间隔时间码（vertical interval timecode，简称VITC）利用视频信号场消隐间隙中的行扫描线进行时码信息的记录。在磁带上VITC与其他行扫描线一样，都是非连续的磁迹。VITC克服了LTC在静止时不能识别的缺点。在隔行扫描系统中，一般每一场的视频磁迹就会对应一条VICT磁迹。SMPTE对VITC的磁迹位置有着明确的规定，比如480i视频系统，其VITC时码位置为每一帧的第16行和第279行，这也正处在场消隐的间隔内。

9.2.4 时码的运行

大多数消费级的数字摄像机仅能提供少量的时码运行方式。比如在一盘磁带的开始将时码归为0，而其后的时码则顺序排列。专业级的数字摄像机提供了更多的时码运行方式以便使用者根据不同的拍摄需求进行灵活选择。

Record Run模式

Record Run模式是各类时码运行方式中最为常见的一种，绝大多数摄像机均支持此模式。如果将从开始录制到停止录制的一个完整过程称为一个镜头的录制过程的话，Record Run模式各个镜头之间的时码是不间断的，即上一个镜头的最后一帧和下一个镜头的第一帧的时码是连续的。

绝大多数专业级或准专业级摄像机均具有设置Record Run模式起始时间的功能。如果所使用磁带的长度小于一个小时，我们可以将不同磁带起始时码的小时位设置为不同的数值，比如第一盘磁带为01：00：00：00，而第二盘磁带为02：00：00：00等等。这样做的好处是可使每一盘磁带的时码都是独立的，更利于后期剪辑。但是在实际拍摄过程中往往会使用大量磁带，很难做到每一盘磁带的时码都是独立的。在这种情况下，我们可以使用用户比特（user bits，简称U-bits）对不同的磁带加以区分，用户比特是与时码一同记录在磁带上的用户可设置的预留信息空间。用户可将磁带编号、拍摄时间等多种信息记录于用户比特。

Time of Day和Free Run模式

顾名思义，Time of Day模式是将真实的自然时间作为时码记录的一种模式，每一帧的时码就是拍摄该帧画面时的自然时间。而Free Run模式与Time of Day模式类似，一旦摄影机电源接通，摄影机内部的时码发生器就会自动连续运行，Free Run模式可以将任意时间做为起始时间。Time of Day模式的优点是可以将拍摄的真实时间在时码中体现出来，在纪录片的拍摄中有时会起到作用。两种模式都存在镜头之间时码不连续的问题，在进行影视节目拍摄时，对于大量素材的管理往往会造成一定的问题。比如采用Time of Day模式时，第一天拍摄的某一盘磁带的起始时码是04：00：00：00，而第二天的另一盘磁带的拍摄起始时间是04：05：00：00，在这两盘磁带中极易出现时码重叠的现象，一旦发生，后期剪辑系统会对具有相同时码的两帧画面产生混淆，对剪辑工作造成很大的困难。解决方法仍然是使用用户比特给每一盘磁带分配独立的标识。同时要避免同一盘磁带中出现相同时码的情况。比如上例中如果第二天和第一天使用相同的磁带，这盘磁带中非常容易出现相同的时码，这种情况无法以用户比特解决，所以要绝对避免。

9.2.5 多机拍摄时码问题

在多机拍摄的过程中，同样是为了便于后期剪辑，我们往往希望不同的摄像机所拍摄的素材具有相同的时码。特别是近年来使用双机拍摄3D影片的情况越来越多，双机的同步问题也是必须要解决的。

多数专业数字摄像机都具有输出时码或者接收外部时码的接口，对于这样的数字摄像机，我们可以将两部摄像机中的一部作为主机（master），另一部作为从机（slave），然后将主机的时码输出接口与从机时码输入接口用缆线连接，并将从机的时码来源设置为外部，这样主机的时码就会用于从机。

在某些情况下如果不便将两机用缆线相连，可将两机进行拥塞同步（jam sync）。拥塞同步必须在Free Run模式下进行，拥塞同步后，两机的Free Run时码完全相同，从而保证被记录的时码完全一致。但是由于两机的时间发生系统不可能完全相同，所以经过数小时以后必须重新进行拥塞同步处理。

以上处理只是将多机之间的时码进行了同步，并不能保证多机之间扫描时序的同步，即不能保证多机之间相位的同步。在普通影片的拍摄中相位同步的必要性还不是

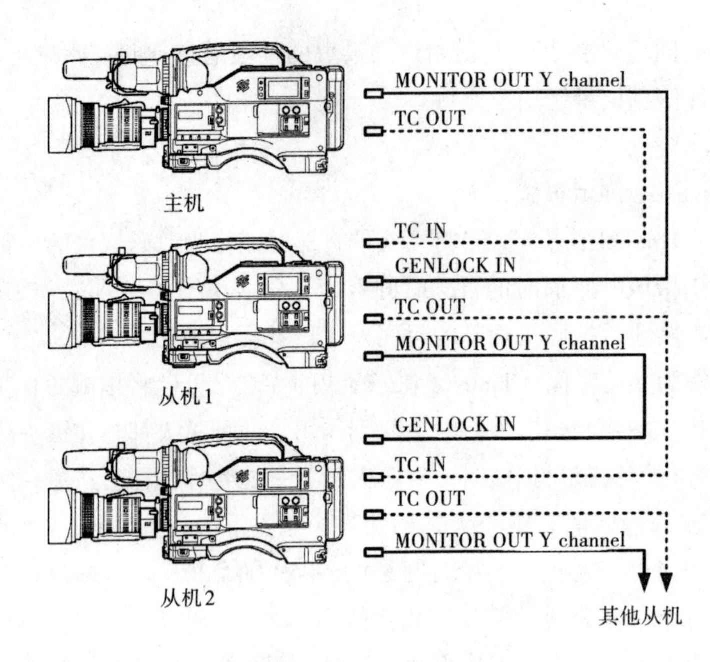

图9-6 多机的同步

很突出，但是在3D影片的双机拍摄过程中，必需要保证左右眼画面的相位同步，才能保证最终3D影像的质量。为了实现相位的一致，从机必须具备同步锁相输入接口（genlock in connector），将主机的视频输出接口用缆线连接到从机的同步锁相输入接口，进行相应的设置后，从机会利用主机的同步信号进行工作，从而保证两机在相位上的同步。同理，从机的视频信号也可作为另一台从机的锁相信号源，这样即可实现多机的相位同步，如图9-6所示。

第10章 显示

10.1 液晶显示器

相比CRT显示器，液晶显示器（liquid crystal display，简称LCD）具有重量轻、厚度薄和功耗低等优点。如果说CRT显示器是20世纪下半叶的主流显示器，那么液晶显示器无疑在21世纪的第一个十年取代了CRT的主导地位，成为显示器家族中应用最为广泛的类型。本节重点介绍液晶显示器的工作原理、结构及性能评价。

10.1.1 液晶显示器工作原理

水有三态，分别是固态、液态和气态。实际上，物质除了上述三态之外，还存在一种液晶态。液晶态是介于固态与液态之间的一种状态，这种状态是材料的一种相变化的过程。如图10-1，图中上半部分是水的三态示意图，我们知道冰是一种晶体，但是当冰的温度逐渐升高而融化成水时，冰的晶体结构就会消失。但是有一类物质，当其温度升高时，并不会直接溶化成液体，而是以液态晶体的形式存在，我们将这种状态称为液晶态，如图10-1下半部分。液晶态是一种稳定的状态，它既有液体的流动性质，又有固体的晶体性质，是介于固体与液体之间的一种状态。当温度进一步上升时，液晶态会消失，物质会完全变成液体。我们将在一定条件下能够处于液晶态的材料称为液晶材料，液晶材料是有机化合物，无机物不存在液晶态。

物体液晶态的首次发现是在公元1888年，奥地利植物学家弗里德里希·莱尼泽（Friedrich Reinitzer）在观察从植物中分离出的某种有机物时发现该物质在介

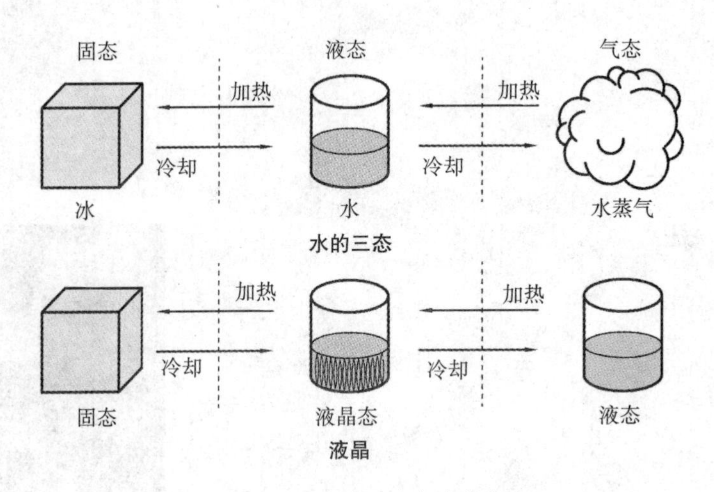

图10–1 水的三态与液晶态

于固体和液体之间的过程中，存在第三种状态。第二年，另一位德国物理学家莱曼（O. Lehmann）在偏光显微镜下发现，该物质具有异向性结晶所特有的双折射率（birefringence）的光学性质，当光以不同角度在该物质中穿行时，所得到的折射率是不同的，即光学异相性。科学家将这一新发现，称为物质的第四态——液晶态。

液晶根据晶体形状和排列的不同可分为层状晶体、线状晶体、碟状晶体和胆固醇型晶体，其中线状晶体被大量用于液晶显示器中。

线状液晶体的形状很像一条条的细线，如图10–2，晶体分子的排列具有明显的规则性，所有的丝线状晶体的长轴方向都是一致的，同时，这些分子彼此平行。

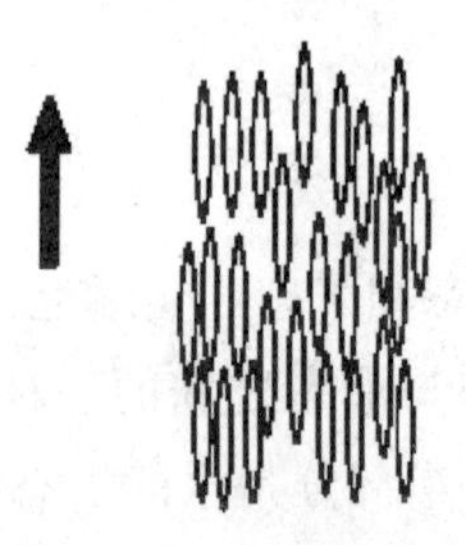

图10–2 线状液晶体

光是一种横波，其震动方向与传播方向相互垂直。自然界中的可见光多数是非偏振光，也就是在与传播方向垂直的平面内，光波的震动是均匀的。如图10–3所示，图中的偏振片类似于“栅栏”的作用，只有平行于“栅栏”方向震动的光波才能通过，而垂直于栅栏方向的光波则无法通过。当非偏振光经过线偏振片后，光波的震动由四面八方变成了单一方向，我们将这类光波称为线偏振光。此时如果在光路上设置第二片偏振片，而且使其“栅栏”方向与第一块偏振片相互垂直，那么通过第一块偏振片后的偏振光的震动方向与第二块偏振片垂直，所以不能通过第二块偏振片，从而利用

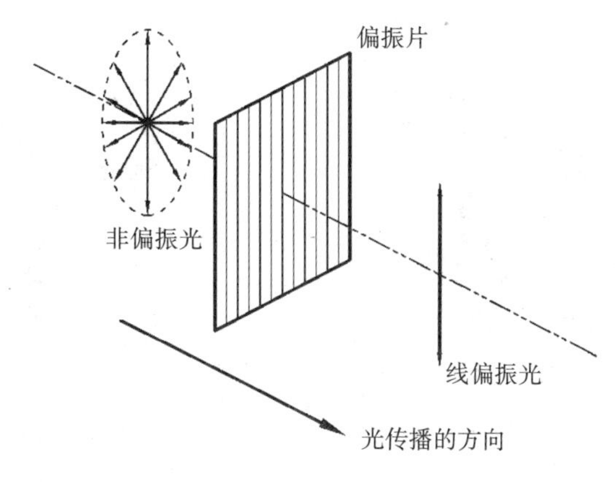

图10-3 线偏振光

了两块偏振片对光路的阻断。

当我们将这两块偏振片“栅栏”之间的夹角由90度逐渐减小时，阻断作用会逐渐消失，当两块偏振片“栅栏”完全平行时，透射光的能量达到最大。液晶显示器正是利用这一原理实现对灰度的控制的。

液晶体本身是不发光的，液晶显示器是利用液晶体的光电特性来控制光源的通过率，从而实现对亮度的控制。因为LCD显示器的光源位于液晶板的背后，我们将之称为背光（back light）。背光的前面是液晶面板，液晶面板由大量的液晶像素组成，每个液晶像素都可控制背光的通过量，从而实现灰度控制。

TN型液晶显示器

TN是英文twisted nematic的缩写，中文译为扭转线型。TN型LCD如图10-4所示，两层偏振片偏振方向互相垂直，内侧上下两层玻璃板的主要作用是夹住液晶体。上下玻璃板内侧各涂有一层配向膜，方向如图10-4所示，作用是使其表面的液晶按照配

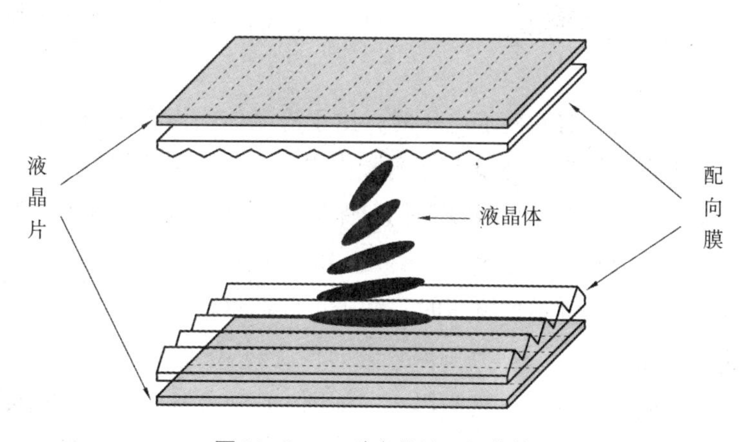

图10-4 TN型液晶显示器结构

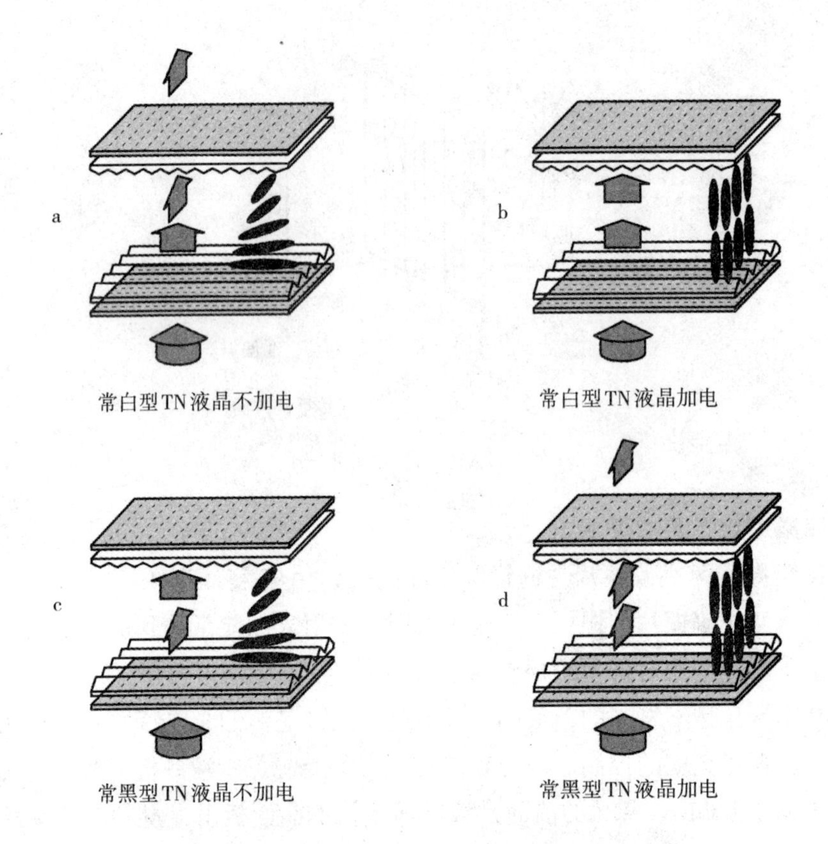

图10–5　常白型与常黑型TN液晶显示器工作原理

向膜的方向排列。当液晶体没有被施加电压时，晶体的排列会根据上下两个配向膜的方向而定，由于TN型LCD的配向膜是相互垂直的，所以晶体的排列会自上而下旋转90°。通过上方偏振片的光线变成单项偏振光之后，在通过液晶体时其偏振方向会根据晶体的方向变化而发生扭转，使得光线到达下方偏振片时其偏振方向旋转了90°，正好与下方偏振片的方向平行，从而实现背光的顺利通过，该像素呈现白色。如图10–5a所示。

当对上下两块玻璃之间施加电压时，由于液晶体的固有性质，晶体会由原来的水平方向排列变成垂直站立，通过上方偏振片的光线变成单项偏振光，在到达下方偏振片的过程中偏振方向没有发生改变，仍旧保持着与下方偏振片相互垂直的角度，所以背光不能通过，该像素呈现黑色。如图10–5b所示。

如上述，当液晶像素不加电压时，背光可以通过，该像素为白色，我们将此类液晶面板称为常白面板。如果下方偏振片方向再旋转90°，在此条件下，液晶像素不加电压则背光无法通过，像素呈现为黑色，如图10–5c所示。反之，当液晶像素施加电压时，像素则呈现白色，如图10–5d所示，此类液晶面板称为常黑面板。对于电脑显

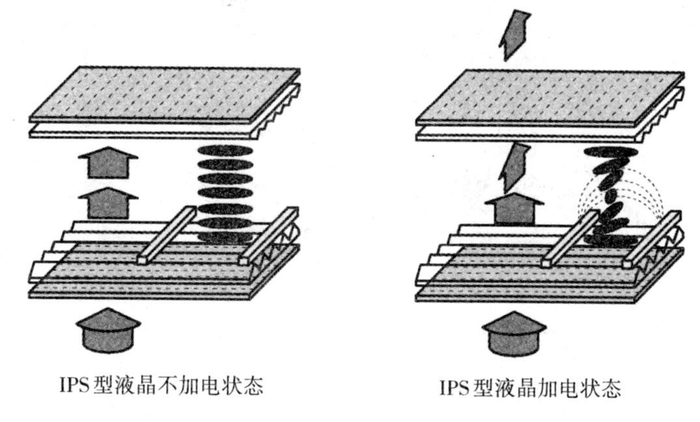

图10-6 IPS型液晶工作原理

示器，由于多数应用为白底黑字的各类程序，所以基本都采用常白型液晶面板。

IPS型LCD

TN型LCD有一个致命缺陷，由于液晶体加载电压后晶体成站立姿态排列，只有垂直于液晶面板的背光才能顺利通过，严重影响了显示器的可视角度，即只有观众以垂直于显示器的角度观看时才能获得最大亮度，而当观众的视线与显示器不能保持垂直时，所获亮度会降低，而且角度越大背光的衰减程度越大。

为了解决这个问题，日本东芝公司于1996年开发了一种称为IPS（in-plane switching，中文译为平面内旋转）的技术。顾名思义，采用IPS技术的液晶面板内晶体在加电旋转后仍与液晶面板平行，这样就大大增加了LCD屏幕的可视角度。IPS型液晶工作原理见图10-6。

同时，由于晶体只是在同一平面内旋转，IPS型LCD的响应速度也明显优于TN型LCD。对于彩色显示器，IPS在不同观测视角下对色彩表现的一致性也更为出色。

近年来，三星公司又在IPS型LCD的基础上开发了超级IPS型LCD显示器，可获得比IPS宽广两倍的观看视角。

在实际的液晶面板中，每一个像素都拥有一个独立的“开关”，这些开关实际上是一个个的晶体管，它们负责给每一个像素“充电”。根据上述液晶显示原理，液晶体必须加载一定电压才能发生排列上的变化，一旦电压消失，其排列状态将复原。在实际液晶面板中，每一个像素都拥有一个电容，显示器的控制电路利用扫描间隙给该电容充电，而晶体管开关则控制充电过程。这类由晶体管控制的液晶显示器称为TFT型LCD，TFT是英文thin-film transitor缩写，中文译为薄膜型晶体管液晶显示器。

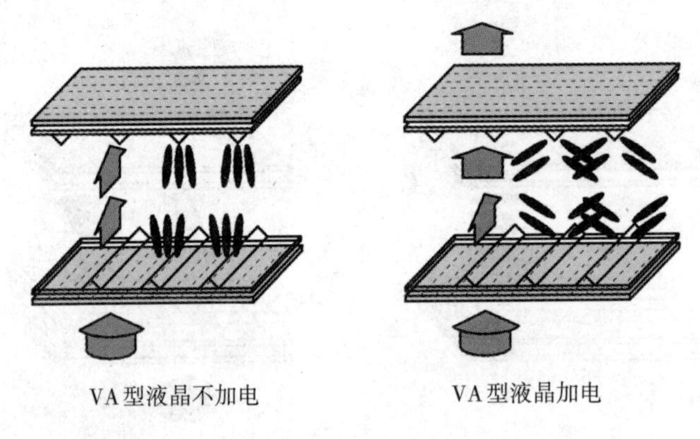

图10–7 VA型液晶工作原理

VA型LCD

VA是英文vertical alignment的缩写，中文译为垂直排列。VA型LCD的最大特点是具有非常大的可视角度，可达160°以上。VA型液晶面板主要分为富士通的MVA和三星的PVA两种类型。

两种类型中，MVA技术出现得较早。在没有施加电压的情况下，MVA液晶分子的排列方向垂直于面板方向，这与TN型液晶的平行于面板方向排列不同，如图10–7。此时由于液晶面板上下两个偏振玻璃的偏振方向不同，所以背光不能穿过。MVA液晶层中的液晶体附着一种突出物，一旦为其加电，液晶分子并不直接偏转成水平状态，而是依附于突出物偏转，一部分背光穿过液晶体后偏振方向也发生改变，从而可以透过第二个偏振玻璃，这种方式很有效地改变了液晶的响应时间和可视角度。由于液晶分子偏转角度小于TN屏，所以响应时间大幅提高，很容易到30ms以下；其次，由于突出物使得液晶分子出现不同方向的偏转，使得可通过背光的方向范围大幅度扩大，而且突出物本身也担负了一部分散射背光的功能，所以MVA型面板的可视角度可以轻松超过160°。

三星的PVA技术在MVA的基础上改进，使用透明的电极替代MVA中的突起物，从而可获得更高的开口率和背光利用率，使得PVA的亮度和对比度都优于MVA，同时响应速度也大幅度提高。此外，两种液晶面板也相继出现了第二代改进型，分别称为P–MVA和S–PVA，它们都在原有面板的基础上进一步提高，可视角度接近180°，响应时间最短可小于6ms，对比度可以超过1000：1。

彩色LCD

LCD显示器的背光一般为白光，而液晶体本身不能发光，那么LCD显示器是如何呈现出各种色彩的呢？如果我们用放大镜仔细观察彩色液晶屏幕，一定会发现每一个

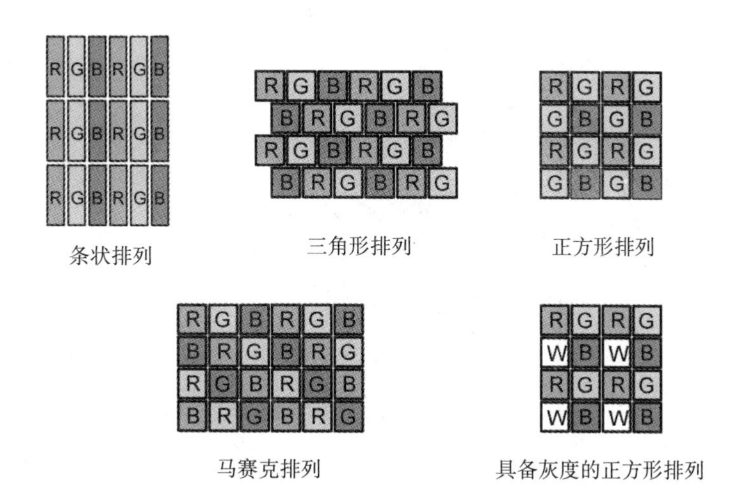

图10–8 各类LCD红绿蓝微滤镜排列方式

像素均由红绿蓝三个更小的部分组成，如图10–8所示。彩色LCD显示器是通过无数的微型滤色片来呈现各种色彩的。每一个彩色LCD的像素均由红绿蓝三色组成，即含有三个独立的液晶体，分别负责一个原色。从本质上讲，彩色LCD利用了空间混色原理以实现缤纷的色彩。

红绿蓝三种微型滤色镜的排列方式可以有很多不同种类。最常见的条状排列和正方形排列常用于电脑显示器，因为多数应用程序的显示界面都是横平竖直的。而对于视频显示器，由于其显示内容无规律可言，三角形排列或者马赛克排列的表现更为出色。

10.1.2 液晶显示器的性能评价

可视角度

可视角度狭窄是液晶显示的致命缺陷，虽然IPS等不同类型的液晶显示器在这方面有了重大的提高，但是由于其本身显示原理的限制，相比其他类型显示器，可视角度仍然是其主要缺陷。

各个厂家对可视角度的定义和检测标准也不尽相同，总的原则是当观测者视线与屏幕法线之间的夹角逐渐增大时，观测者所获得的对比度会逐渐减小，图10–9为观众视角与对比度之间关系的示意图，由图可见，随着观众视线与屏幕之间角度的增大，对比度大幅度下降。各液晶面板生产厂都有各自的最小对比度标准，当对比度小于这一标准时，比如10∶1，我们就将该角度解释为该LCD显示器的可视角度。一般来讲，TN型液晶面板可视角度最小，在140°左右；VA型液晶面板角度最大，在170°以上；

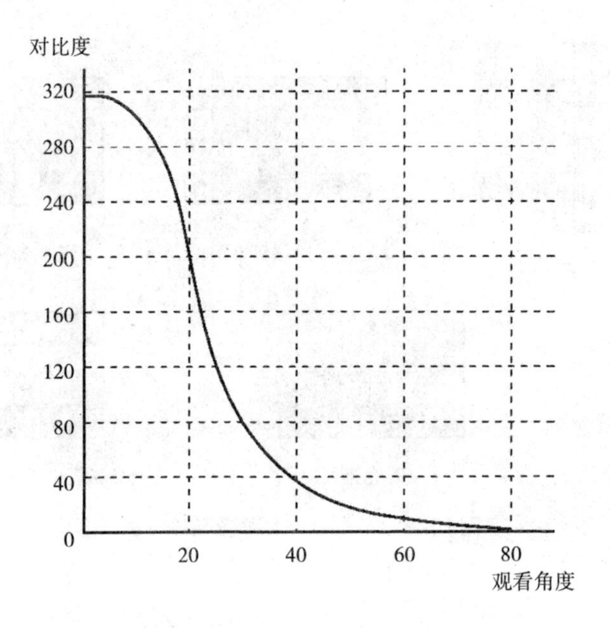

图10-9 LCD显示器观看角度与对比度的关系示意图

而IPS型的可视角度在160°左右。

但是各个厂家所使用的标准是不一样的，国际标准化组织也没有做明确规定，所以我们在各个厂家提供的产品参数中得到的可视角度是无法相互比较的。在挑选不同型号的LCD显示器时，主观评测也许是最可靠的方法。

亮度和对比度

与CRT显示器相比，对比度是液晶显示器的另一项短板。对比度又分为两种，一种是静态对比度，另一种是动态对比度。静态对比度是在同一画面中显示器能够显示的最高亮度与最低亮度之比；动态对比度是指不同画面中，显示器能够表现的最大与最小极限亮度之比。动态对比度要远远大于静态对比度，一般在几十倍左右。静态对比度最能够直接反应一台显示器的性能，因为观众在同一时刻只能通过显示器看到一幅画面，但是显示器生产厂家或者销售商更乐于介绍产品的动态对比度，因为后者数值更大。

提高显示器对比度的方法无外乎两种：降低最低亮度和提高最高亮度。由于液晶显示器的光源为背光，每一个像素在“关闭”时不可能做到100%的阻光，总会伴随着少量的“漏光”，所以液晶显示器所能够显示的“黑”并不是纯粹的“黑”，这就造成了对比度较低的结果。液晶体的最大和最小透光率由其本身性质决定，所以几乎无法改变。有一种动态LED背光，LED以点阵形式排列，每个LED亮度可配合画面亮度调节，画面较亮的地方，比如蓝天，其背光亮度也高，画面暗部的背光亮度则变得很低甚至全黑，LED背光可以在一定程度上提高液晶显示器的对比度。有些厂家为了提高对比度而大幅度提高背光亮度。人眼较为舒适的阅读亮度为110cd/m^{2}左右，有些液晶显示器的最大亮度可达到250cd/m^{2}以上，人眼长时间观看如此亮的显示器会感到非常疲劳，对视力也有损害，所以在选择显示器时不能一味追求亮度和对比度指标。

响应时间

国际标准化组织对液晶显示器的响应时间做了如下规定：设液晶屏中某个像素从暗变亮所需的时间为t_1，再从亮变暗所需的时间为t_2，那么该像素的响应时间等于t_1+t_2，液晶屏所有像素的平均响应时间就是该液晶屏的响应时间。由此可见，液晶屏的响应时间代表了两个过程，为一个完整的变化周期。

ISO规定的响应时间对应的亮度变化为10%到90%这段范围，如图10-10，0至10%和90%至100%的亮度变化所需要的时间比定义内的还要长，所以ISO的规定并不能完全体现液晶显示器的性能。比如某一款液晶显示器的响应时间为12毫秒，由1000/12≈83，即该款显示器在一秒钟之内可在黑白之间闪烁大约83次，这已经超过了人眼的临界闪烁频率，理论上应不会出现拖尾等运动失真。但是我们在玩游戏的时候，经常在具有12毫秒响应时间的液晶屏幕上看到运动物体的拖尾现象，直到具有更快响应时间的液晶显示器的出现，才基本上解决了此问题。一般情况下，小于6毫秒的响应时间可以有效消除拖尾。

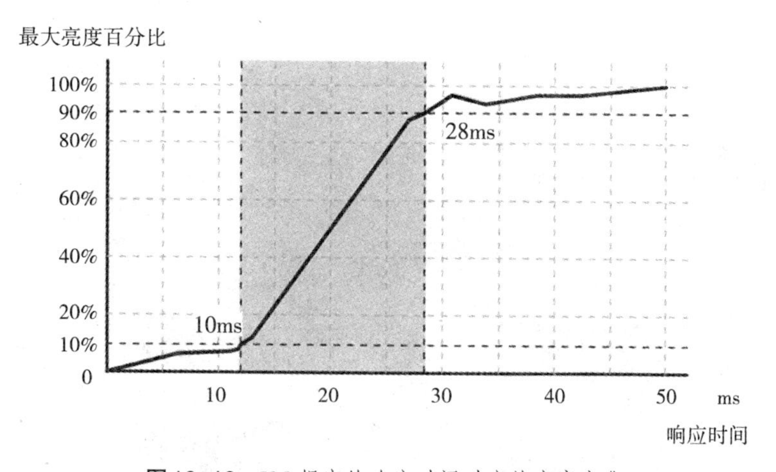

图10-10 ISO规定的响应时间对应的亮度变化

此外，过驱动（over drive）技术可以缩短液晶显示器的响应时间，其原理是：当某一液晶像素在不同灰度之间转换时，通过短时提高或降低激励电压，可以缩短液晶体的响应时间。

开口率

液晶显示器中有一个很重要的性能指标就是亮度，而决定亮度的最重要因素就是开口率。开口率是光线能透过的有效区域与整个液晶屏幕面积的比例。当光线经由背光板发射出来时，并不能全部穿过液晶面板，液晶面板中的各种电路及排线本身不是完全透光，必须对这些面积用阻光材料进行遮挡，以免干扰到其他透光区域的正确亮度，从而实现对亮度的正确还原。有效透光区域的面积要小于整个屏幕的面积，所以液晶显示器的开口率一定小于1。不同类型的液晶屏幕开口率有所不同，开口率越大的液晶面板其光效率越高，显示的影像的连续性也越好。

10.1.3 液晶投影

按液晶芯片性质的差异，液晶投影主要分为透过型和反射型；按芯片数量的不同，液晶投影可分为单芯片和三芯片两种。

图10–11为透过型三芯片液晶投影的原理图。由光源发出的白光经聚光后首先射入分色系统，分色系统由三片分色镜组成，分色镜具有使可见光选择性通过的作用。首片分色镜可使红色光通过，将蓝光和绿光反射出来，也就是反射青色光；第二片分色镜可使蓝色光透过，绿色光被反射；白光经过前两片分色镜后只剩下蓝光，第三片

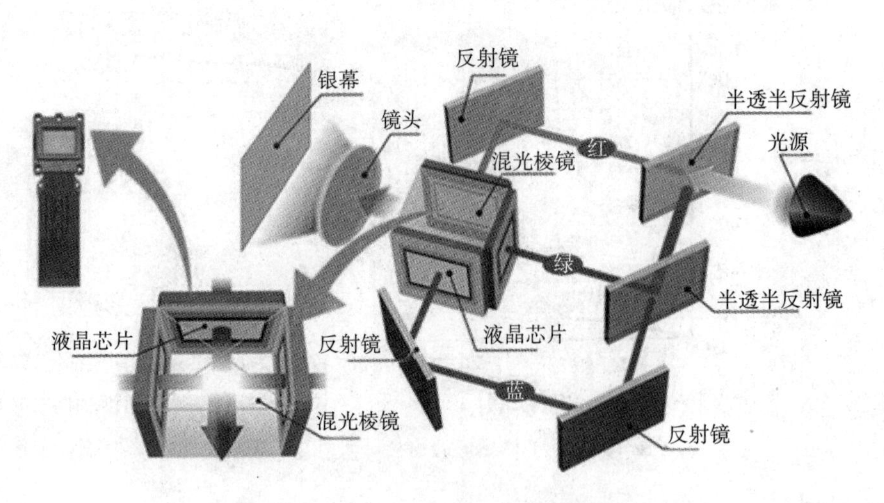

图10–11 透过型三芯片液晶投影的原理图

为全反射镜，起到导光的作用。白光经过分色系统后，分成红绿蓝三束独立色光，三色光分别进入红绿蓝液晶板，投影中的液晶板与平面液晶显示器使用的液晶面板原理、结构相似，在这里起到光阀的作用，可以控制每一个像素的透光率，从而形成红绿蓝三通道的独立影像。经过液晶板的红绿蓝三色光随即进入混光棱镜，混光棱镜由四块棱镜组成，完成对三色光的混合。最终，混合后的光通过镜头在银幕上成像。

单芯片液晶投影只有一块液晶芯片，没有分光和混光系统，其液晶芯片每一个像素由红绿蓝三个独立的液晶单元组成，其混色方式与平板液晶显示器一样，都是通过空间混色的形式实现。

相比单芯片液晶投影，三芯片液晶投影需要额外的两块液晶芯片，而且还增加了分光与混光系统，各元件安装工艺要求也非常高，所以其成本要远远高于单芯片液晶投影。但是它在光效率、清晰度、对比度和色彩还原等方面具有无可比拟的优势。

反射型液晶投影的芯片采用LCOS（liquid crystal on silicon的缩写，中文为硅基液晶）技术。LCOS是一种基于反射模式的液晶显示装置，采用CMOS技术在硅芯片上加工制作而成。透射型液晶面板的控制电路、电极等部分需要占用一部分透光面积，所以透射型液晶芯片开口率较低。而反射型液晶芯片每个像素的液晶体位于半导体电极和玻璃电极之间，半导体电极同时也是反射镜，由于控制电路等结构都在反射镜后方，所以可实现90%以上的开口率。同时，LCOS的像素也可以做到非常小，其尺寸在6微米到20微米之间，对于百万像素的分辨率，LCOS通常小于1英寸。LCOS技术本质上是半导体集成技术和液晶技术相结合的产物，相比传统液晶技术，具有分辨率高、开口率高、响应速度快、对比度高、功耗低和寿命长等特点。

10.2 数字光处理技术

数字光处理（digital light processing，简称DLP）技术是最先进的投影技术，其优点是其他投影技术所不能比拟的，且早已成为数字影院中广泛使用的主流投影技术。

10.2.1 数字微镜设备

数字微镜设备（digital micromirror device，简称DMD）是DLP技术的核心器件。DMD是将光学、机械、电子技术集成于一块半导体芯片上的微光学机电系统。一个DMD芯片由上百万个可自由转动的微型反光镜及相关电路组成，这些微型反光镜以对角线为轴，在±12°范围内高速开关，通过反射的方式完成对光源的调制。DLP技

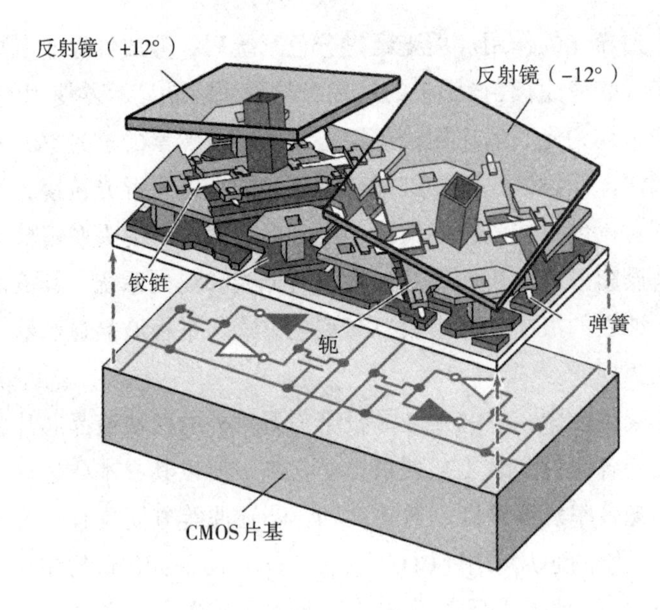

图10-12 DMD结构

术本质上是利用时间混色原理实现对影像亮度及色彩的控制。

图10-12是DMD中一个微镜的结构示意图。微镜与对角线方向放置的旋转铰链连为一体，可沿对角线方向在±12°范围内旋转，其稳定状态只有两个，即显示±12°，而且在这两种状态之间的转换速度是非常快的。微镜为边长16微米的正方形，材料是铝。每一个微镜及其附属机械结构下方都具有半导体存储器，存储器具有"1"和"0"两个状态，其状态决定了微镜的状态，当存储器为"1"时，微镜位于+12°，当存储器为"0"时，微镜位于-12°。微镜转动的动力来源于存储器产生的电场变化。

图10-13是DMD中一个微镜的工作原理示意图，光源的入射光以一定角度进入DMD，当微镜处于"关闭"状态时，入射光以40°角反射偏离投影镜头，通常在投影机内相关位置布有吸光材料用来吸收这部分光能；当微镜处于"开通"状态，入射光被反射进入主光路，最终在银幕上成像。微镜的"关闭"和"开通"只能使银幕上的像素显示为黑和白，那么黑白之间的各级灰度是如何形成的呢?

微镜在两种状态间的转换速度是非常快的，通常用两个指标来描述。第一个指标称为光学开关时间，指屏幕上的像素从黑变白所需要的时间，也就是微镜完成"关闭"到"开通"这个动作所需要的时间，光学时间为2微秒。另一个指标为机械开关时间，指微镜完成状态转换所需要的全部时间，包含光学时间、微镜到位稳定所需时间以及存储器接受更改状态等动作所需要的时间，机械时间为15微秒，也就是一秒钟之内微镜可以在两种状态之间转换6万次以上。通过控制DMD微镜"开通"和"关闭"时间的比例，就可以实现对灰度的控制。以10比特黑白影像为例，从黑到白之

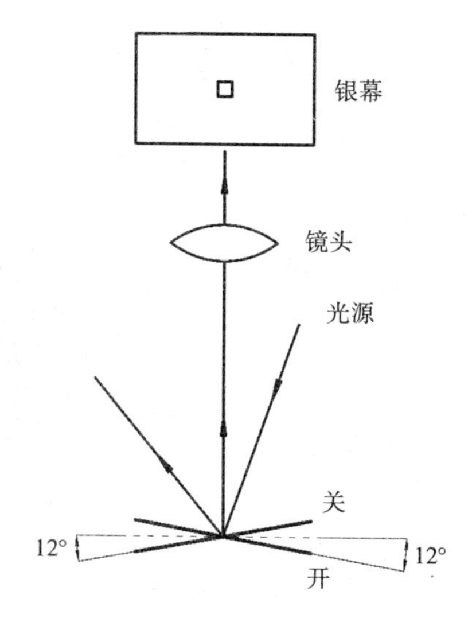

图10-13 微镜工作原理示意图

间存在1024个灰度级。以30帧每秒计算，每帧放映时间为1/30秒，如果需要显示黑以上的第一级灰度，微镜处于“开通”的时间占一帧时间的1/1024，对于第二级灰度，微镜“开通”的时间占一帧时间的2/1024。即相邻灰度级之间的时间差别约为三万分之一秒，而DMD 六万分之一秒的机械转换时间足以胜任，所以DMD完全有能力表现10比特数字影像。DLP的这种以控制黑白亮度在时间上的比例来实现不同灰度的技术属于脉冲宽度调制范畴。

由于DLP技术是一种纯反射的光调制技术，与LCOS技术相比，在投影的光路上不存在其他用于调制的介质（液晶体），所以DLP的光效率非常高。微镜之间的缝隙一般小于1微米，从而使得DMD的开口率达到90%以上，远远高于透射式液晶芯片。同时，DMD的可靠性也非常高，其铰链寿命达到10万小时以上，疲劳寿命大于2.7万亿次。我们主观上很难想象如此微小的机械结构竟具有如此惊人的可靠性。实际上，DMD的可靠性与超长寿命得益于薄膜技术（thin film technology，简称TFT），出于该技术的微机械金属部件的刚性要远低于一般大部件的刚性，从而使得机械磨损和疲劳几乎为零。同时，DMD在抗冲击、耐碰撞等性能上也非常出色。在可靠性方面，DMD的唯一缺陷就是对灰尘较为敏感，极微小的灰尘就可以使得DMD芯片上的微镜失效，所以DLP设备对防尘的要求较高。

10.2.2 DLP工作原理

DLP投影可以根据其DMD芯片的数量分为单片机、双片机和三片机三种类型。

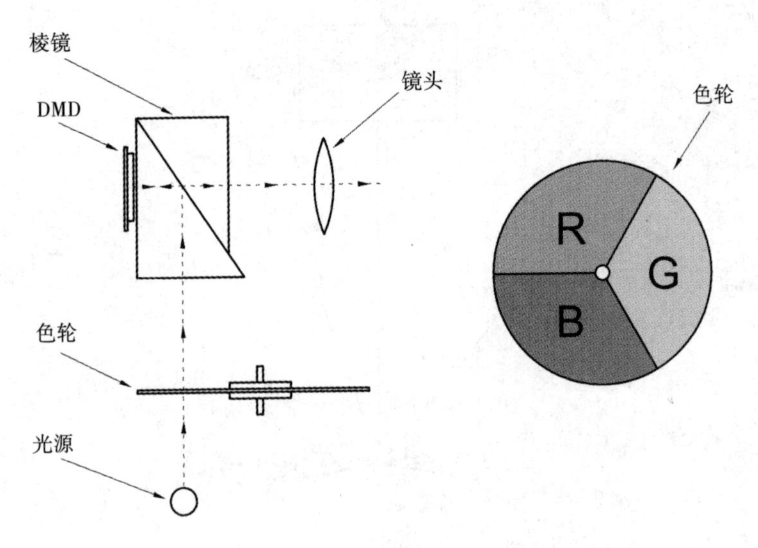

图10-14 单片式DLP投影工作原理示意图

这三种类型有各自的特点和主要应用领域，单片机主要用于便携式投影，双片机用于大型拼接显示，而三片机用于要求较高的影院。

如前文所述，单片液晶投影的光调制芯片的每一个像素由红绿蓝三通道组成，根据红绿蓝三部分的透光比例来进行混色，本质上是空间混色。与单片液晶投影的空间混色原理不同，单片DLP投影采用时间混色原理，如图10-14，在单片DLP投影系统中，在光源与DMD芯片之间的光路上有一个色轮，在色轮圆周上有红绿蓝三种滤色镜，每一个滤色镜以120°圆周角分布，此色轮以每秒60Hz的频率高速转动，每秒提供180个色场。单片DLP就是通过这个色轮来实现时间混色，当色轮旋转时，白光透过色轮后依次形成红绿蓝单色光，并且反复循环，红绿蓝三色光顺次入射到DMD芯片上，DMD根据每个通道的灰度级别进行脉冲宽度调制，从而实现红绿蓝三色的时间混色。色轮每秒转动60周，可以产生60帧画面，由于红绿蓝每一通道仅占三分之一的圆周，一帧画面中表现单色的时间为1/180秒，但是经计算不难发现，DMD 15微秒的机械开关时间在1/180秒的时间内仅能显示8比特的灰度级，达不到10比特。所以，与三片DLP投影相比，单片DLP的一个主要缺点就是表现的色彩层次不够丰富。此外，由于色轮吸收了两个通道的色彩，整个单片DLP投影系统的光效率大幅度降低，在光源亮度一定的条件下，单片DLP比三片式DLP亮度低很多。

双片芯片的DLP投影同样有一个色轮，色轮上有黄（红+绿）和品红（红+蓝）两种滤色镜，白光透过旋转的色轮后变成反复交替的黄光和品红光，黄光和品红光再

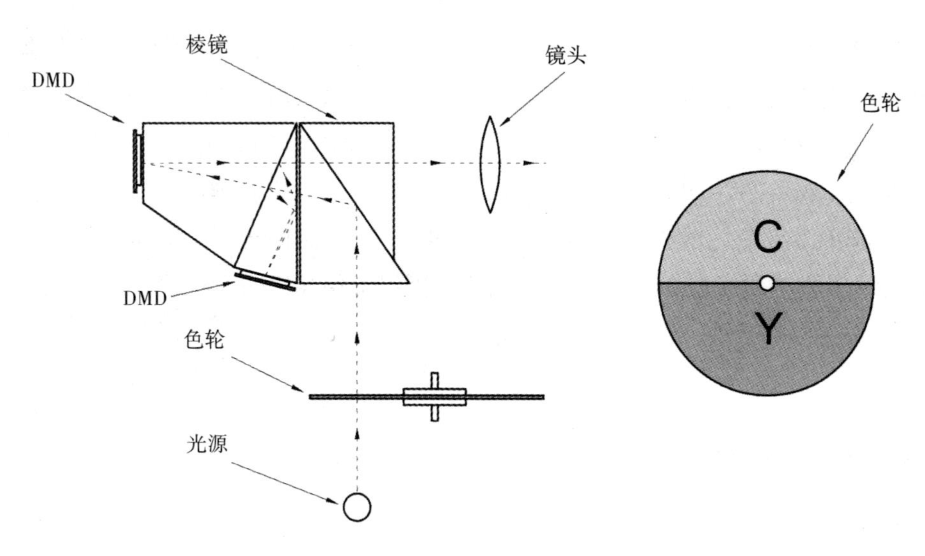

图10-15 双片式DLP投影工作原理示意图

进入分光镜。由于黄光和品红光中都可分解出红色光，分光镜将红色光分给负责调制红色光的DMD芯片，剩下交替变化的绿光和蓝光则射入另一块DMD芯片。两块DMD芯片中，有一块只负责调制红色光，另一块负责调制绿色光和蓝色光。双片DLP投影原理见图10-15。

三芯片DLP原理如图10-16。三片DLP投影不需要色轮，光源发出的白光经分光

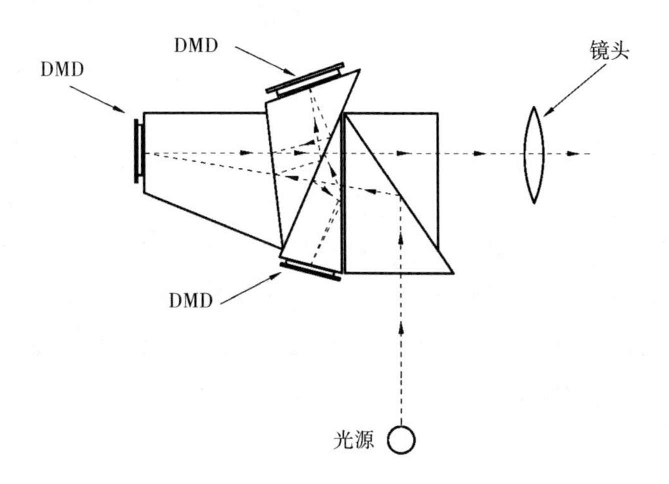

图10-16 三片式DLP投影工作原理示意图

棱镜分光后形成红绿蓝三色光，红绿蓝三色光分别由各自独立的DMD芯片调制，经镜头同时在银幕上成像。在相同的帧速条件下，比如60fps，单片DLP每通道色彩显示时间为1/180秒，三片DLP则为1/60秒，有足够的时间显示单色10比特灰度级，所以色彩表现较单芯片DLP强很多，这种差别一般观众用肉眼即能分辨。另外，由于三芯片系统中没有色轮滤光，光效率也大幅度提高。而且由于每片DMD芯片只负责一种色光，其发热情况较单片系统更具优势，可以选用亮度更高的光源，从而大幅度提高影片放映的画幅面积。

10.2.3 DLP技术的优势

噪声优势

DLP技术是唯一一种纯数字显示技术，除DLP之外其他所有类型的显示技术本质上都是模拟显示技术，模拟显示技术在显示数字视频信号的时候需要进行D/A转换，D/A转换过程本身会造成一定程度的信噪比损失。而DLP技术不需要进行D/A转换，其信噪比损失很小。

精确的灰度控制

DLP利用微镜开关的时间比例来精确控制灰度，三片式DLP每通道灰度等级可达到10比特，其精度远远高于其他模拟显示技术。例如液晶TN面板本身只能显示每通道6比特的灰度等级，需要通过其他技术来提高。

较高的光效率

DMD利用镜面反射对光源进行调制，其拥有高于90%的开口率，与液晶显示技术相比，它不需要依靠偏振光，在光路中没有偏振镜和液晶体，其总体光效率超过60%，远远高于液晶，更高的光效率意味着在相同放映亮度要求下能实现更低的功耗。同时，如前文所述，由于DMD芯片本身具有耐热性，可以使用更高功率的光源，目前影院级4K投影，如巴可公司的DP4K-32B，其光源功率可以高达7千瓦，亮度达到33000流明，最大可支持32米面宽的银幕。

更高的分辨率和清晰度

目前影院级别的4K DMD芯片的分辨率已经高达4096 × 2160，相当于900万像素，芯片的大小为1.38英寸，相当于每个微镜的宽度只有7.5微米左右，一根头发的直径内可以放置40个如此大小的像素。而索尼LCOS技术的4K芯片尺寸为1.55英寸，比

DMD略大。DMD微镜之间的间距也很小，16微米边长的微镜之间间距为1微米，投射到银幕之后,像素间的缝隙很细,影像更加趋近于连续,从而可以获得较高的清晰度。

可靠性

DLP系统是经过多种测试考验的极为可靠的系统，其中绝大多数测试是对DMD的可靠性测试。为测试铰链的寿命，大量不同规格的DMD芯片被长时间置于高速开关条件下，其中一些芯片的等效寿命超过了20年，平均寿命也超过了10年，而且铰链损坏极少发生，因此DMD的寿命并非取决于铰链寿命。同时，在耐热性、抗机械冲击、耐潮湿、抗震动等试验中DMD芯片均有出色表现。

10.3 等离子显示技术

等离子显示技术具有屏幕大、视角宽、亮度高、对比度高和色彩还原好等特点，在家用电视领域得到了一定程度的普及,占领了一部分市场。等离子显示面板(plasma display panel，缩写PDP）与液晶面板不同，液晶面板的液晶体本身不发光，而是通过控制背光的透过率显示影像，等离子面板的每一个像素都是利用等离子体放电而激发荧光粉发光的，所以其对比度和亮度明显优于液晶面板。

当被激发电离的气体达到一定电离度时会出现一定的导电性，我们称此状态的气体为等离子体。电离气体中每一带电粒子的运动都会影响到其他带电粒子，同时也会受到其他粒子的约束。被电离的气体中正负电荷数目相同，表现出电中性。

随着温度的升高，一般物质依次表现为固体、液体和气体，统为称物质的三态。当气体温度进一步升高时，大量分子或原子将由于激烈的相互碰撞而离解为电子和正离子，这时物质进入一种新的状态，即主要由电子和正离子（或是带正电的原子核）组成的状态，可以称为物质的第四态，这种状态的物质叫等离子体。实际上，等离子体在宇宙中的所有物质比例中达到了99.9%的比例，也就是说宇宙中绝大多数的物质为等离子体态。

等离子面板是在两层玻璃板之间充填混合气体，施加电压使之产生离子气体，然后使气体放电,激发荧光粉发光从而产生影像。等离子面板上布满密封的低压气体室，室内的气体为氙气和氖气的混合物，混合气体被电压激发后，发出紫外线，紫外线照射到室壁玻璃上的红、绿、蓝荧光体，观众看到的是荧光粉受到紫外线轰击后所发出的光。

如图10-17所示，PDP是利用气体放电的显示设备，实际上每一个像素由红绿蓝

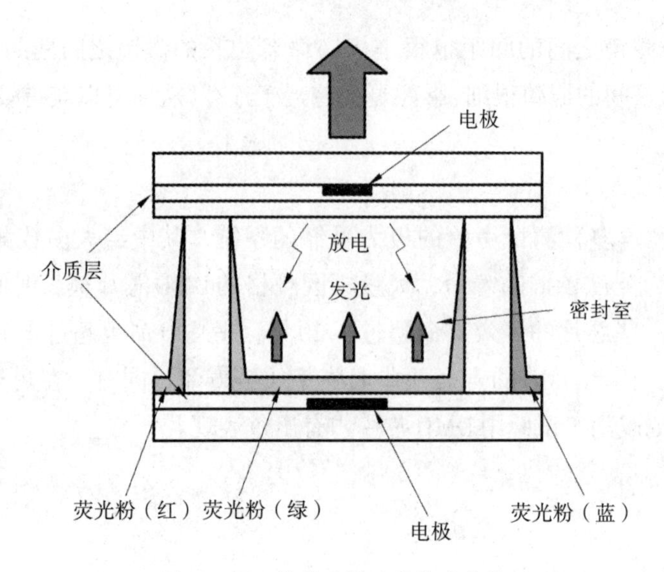

图10–17 等离子显示器像素结构

三个等离子管组成。等离子管阵列组成PDP屏幕，每个等离子管对应的小室内都充有氖氙混合气体。在等离子管电极间加上高压后，封在两层玻璃之间的小室中的气体会产生紫外光激发红绿蓝三基色荧光粉发出可见光。三个等离子管作为一个像素，由这些像素的明暗和颜色变化组合产生各种灰度和色彩的图像，与显像管发光很相似。等离子体技术同其他平板显示方式相比存在着明显的差别，它在结构和组成方面都领先一步，其工作原理类似于普通日光灯，由各个独立的荧光粉像素发光而形成影像，因此图像亮度高，对比度高，色彩饱和度高。

等离子显示器的优点：

- 等离子具有极高的对比度，如现在很多等离子面板可以达到5000∶1至10000∶1。
- 等离子具有优异的色彩表现能力，每通道灰度级可达10比特，同时色彩饱和度高。
- 等离子响应速度非常快，与CRT显示器的响应速度接近，在2–3毫秒左右，比最快的液晶面板还要快了近一倍。
- PDP面板具有很大的可视角度，其视角范围一般都达到160°以上。

等离子显示器的缺点：

- 比液晶显示器，等离子显示器具有体积大、重量高的缺点。
- 等离子体加电压后发热量大，面板容易被烧坏，特别是在长时间显示统一画面时，所以一般等离子电视都要做屏保显示。

▶暗部层次表现不好。

▶因为其屏幕较大，特别容易碎，这要求我们在运输、安装和日常使用的过程中都要特别小心。

▶耗电量比较大，一般一台42寸等离子显示器的耗电量为380W，60寸的要达到600W。

目前能独立生产等离子面板的厂家只有富士通、日立、先锋、松下、LG和三星6家企业。

第 11 章 伽 马

在研究视频技术、摄影技术以及计算机图形图像技术的过程中，伽马是一个非常重要的内容。本章从人眼的视觉特性出发详细讨论伽马概念以及伽马校正基本原理。由于目前主流数字电影摄影机多采用对数编码方式，本章亦对电影伽马做详细介绍，并讨论视频伽马与电影伽马的同异点。

11.1 视频伽马

11.1.1 人眼的非线性

公式1.2表明人眼对亮度的反应与环境亮度（或既有亮度）直接相关，并呈对数关系。同样的亮度变化在不同的环境下对人眼形成的刺激迥然不同。自然界中景物的亮度范围是非常大的，人类必须适应巨大的亮度差别才能生存下来。我们的生存环境要求我们在微弱的星光下能发现危险，在强烈的阳光下也能清晰地辨别物体。实际上，人眼可感知的亮度范围从百分之几到几百万坎德拉每平方米，即视神经可感受的亮度范围在10^8左右。人眼的感光能力是随着外界环境光的强弱而自动调节的，这种调节能力就是人眼的适应性，其由两个因素共同实现：一是瞳孔的调节，二是视神经自身的适应性。这里必须指出，虽然人眼可感受的亮度范围在10^8左右，但是人眼并不能同时感受到如此巨大的亮度范围，人眼一旦适应了某一环境亮度后，视觉范围就会根据此环境范围确定下来，在适中的环境亮度下，人眼能分辨的最大亮度与最小亮度范围在10^3这个数量级。随着环境亮度的增加或降低，人眼能分辨的亮度范围也随之下降。

人眼识别亮度变化的能力一般条件下接近于常数。假设环境亮度为I，ΔI为亮度变化，ΔI_{min}为人眼能够识别的最小亮度变化，设：

$$\xi=\frac{\Delta I_{min}}{I} \qquad \text{（公式11.1）}$$

则ξ为常数。

实验表明，随着环境的不同，ξ值一般在0.5%至2%的范围内变化，一般情况下，我们可以近似认为约等于1%。也就是当亮度变化大于环境亮度的1%时，人眼即可发现，小于环境亮度1%的亮度变化人眼是无法识别的。在整体环境亮度变暗或者环境复杂亮度不均匀时，ξ就会随之升高。

综上所述，人眼对亮度变化的感知与两个因素相关：一是绝对亮度的变化值，即ΔI；二是环境亮度I，设人眼对亮度变化的感知为ΔS，则公式11.2可近似表示ΔS、ΔI和I之间的关系：

$$\Delta S=a\frac{\Delta I}{I} \qquad \text{（公式11.2）}$$

经积分整理后可得：

$$S=k\log I+K_0 \qquad \text{（公式11.3）}$$

其中S为人眼的亮度感觉，I为亮度，k、k_0均为常数。

公式11.3表明人眼对亮度的感觉与亮度之间的关系近似为对数关系，如图11-1所示。

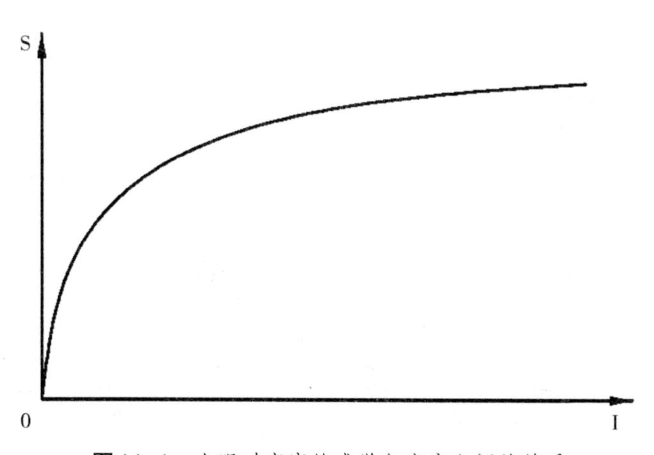

图11-1　人眼对亮度的感觉与亮度之间的关系

实际上，人类对这个世界的感知大多符合对数规律。比如我们对重量的感知，假设我们用手提物时刚好能分辨1kg与1.1kg的两个物体的重量差别，那么对于10kg的物体，只有将物体的重量增加到11kg左右我们才能分辨出两者的区别。因为两者的重量变化都是原有重量的10倍。同样，人们对声音的感知也符合对数规律。

11.1.2 CRT的伽马与亮度的非线性失真

CRT显示器是一种将电能转换成光能的设备，CRT自身的特性决定了从电压到亮度的转换是非线性的。这种非线性特性符合指数规律，如公式11.4：

$$I = V^{\gamma} \quad \text{（公式11.4）}$$

其中V为输入CRT的电压，I为CRT在该电压下显示的亮度，不同显示器的 γ 值略有差别，一般认为中值是2.5，变化范围一般在2.0至3.0之间。

图11-2表示了黑白CRT显示器的伽马特性(γ=2.5),图中的横坐标表示输入电压，而纵坐标则代表CRT的显示亮度。从图中可以看出，在暗部区域，CRT的输入电压变化量必须大于亮部区域才能获得与亮部区域同样的亮度变化。即在CRT的暗部区域由电压变化所引起的亮度变化相对于亮部区域更为迟钝。CRT的这种伽马特性正好与人眼相反，如上节分析，由同样的亮度变化，在昏暗环境下对人眼产生的刺激要远大于明亮的环境。

值得注意的是，在众多的电子显示设备中，只有CRT显示器“天生”具备伽马特性。其他类型显示器的伽马特性是通过显示器的内部电路“人工”设定的，比如液晶显示器，其显示面板的输入电压与显示亮度之间并不是指数关系，其伽马是通过控制电路人为设定的。

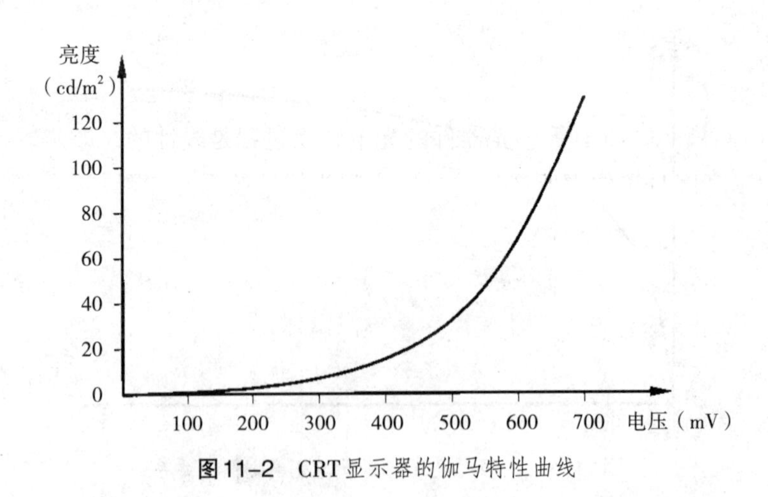

图11-2 CRT显示器的伽马特性曲线

理论上，一套完美的视频系统应该将景物的亮度和色彩忠实地重现出来，也就是在显示时准确地再现景物的亮度和色彩，而不产生任何差别，但是这在实际系统中是不可能实现的。首先，所有显示器的亮度都具备上限，不可能达到自然界中的高亮度范围；其次，显示器的最大亮度与最小亮度之间的比值，即显示器的对比度也不可能达到无限大。所以没有绝对意义上的忠实再现，一般意义上讲的忠实再现是指能够最大限度地保留被摄景物不同亮度之间的比例关系。比如被摄景物最大亮度与最小亮度之间的对比度为1000∶1，而假设某显示器的对比度只有200∶1，在使用该显示器观看以上对比度为1000∶1的场景时，我们并没有感觉到显示画面中的对比度有什么明显的异常，这是因为重现画面中景物亮度的比例关系与真实景物呈线性关系。

如第3章所述，摄像管、CCD和CMOS等感光器件的光电转换特性是线性的，即照射到感光器件上的亮度变化与产生的电压变化之间的关系是线性的。如果将感光器件输出的电压信号直接线性放大之后传送给CRT显示器，CRT的伽马特性会造成显示器上重现图像的亮度与原景物亮度之间为非线性关系，从而造成非线性失真。人眼可以非常容易识别这种由CRT显示器固有伽马所造成的非线性失真，此非线性失真表现为画面整体反差增大，亮度降低。

11.1.3 伽马校正

摄影机的感光器件完成光电转换之后，得到了与亮度呈线性关系的电压信号，摄影机接下来要对该电压信号进行伽马校正（gamma correction），伽马校正公式为：

$$V_{out}=V_{in}^{\gamma} \quad \text{（公式11.5）}$$

伽马校正有两个主要作用，一是可以补偿由CRT显示器自身伽马特性所造成的亮度非线性失真，二是可以使视频信号电压与亮度之间呈非线性关系，而此非线性关系与人眼的非线性特性相近，从而大幅度提高系统信噪比。这里面存在的巧合是，CRT的伽马与人眼的非线性响应从形态上看正好相反，所以伽马校正可以一举两得。

如图11-3a所示，CCD等感光器件的光电转换过程是线性的，即照射到CCD上某一个像素的光亮度与该像素所产生的电压之间为线性关系。如图11-3b所示，摄影机对从CCD输出的电压信号进行伽马校正，即为原始信号添加0.4左右的伽马（采用不同视频标准的摄影机的伽马值有所不同，Rec.709的高清标准为0.45），进行伽马校正后，视频信号的暗部电压提升幅度远高于亮部电压。如图11-3c，经过伽马校正的视频信号传送给CRT显示器，与CRT显示器固有的2.5伽马叠加，由于0.4的伽马校正与2.5的CRT显示器伽马叠加后总伽马正好为1，所以最终再现的影像亮度与原景物亮度之

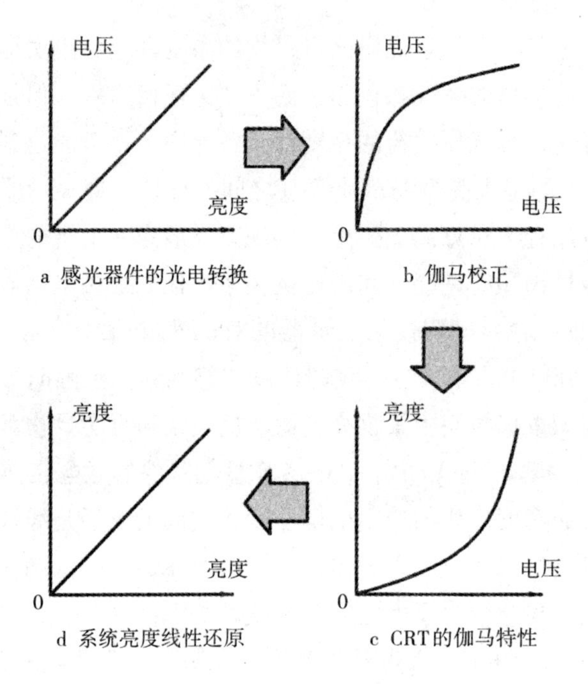

图11-3 伽马校正

间为线性关系，如图11-3d。如此即可实现对景物的线性再现，避免非线性失真。

这里需要注意的是，不论是数字视频系统还是模拟视频系统均存在伽马校正环节，但是伽马校正本身是一个模拟概念。数字摄影机的伽马校正发生在模数转换之前，即在模拟信号转换成数字信号之前就要为模拟信号进行伽马校正。

对于模拟电路，伽马校正处理并不复杂，硬件成本也不高。如果伽马校正的目的仅限于补偿CRT的非线性失真，那么可以置于整个视频系统的任何一个环节，比如可以在CRT显示器的内部进行伽马校正，为何所有伽马校正都在摄影机内部完成呢？

如前所述，伽马校正除了可以补偿CRT显示器的非线性失真之外，另一个重要作用就是可以提高视频系统的信噪比。一般情况下，针对特定的视频系统，噪声的水平是相对固定的。假设视频影像中均匀地分布着相同水平的噪声，根据人眼对亮度的非线性反应，人眼对影像暗部的噪声更加敏感，而对亮部的噪声较为迟钝。同一影像中噪声在暗部表现得更为明显，而在亮部几乎难以发现，这是因为暗部的有效信号本身就相对微弱，导致信噪比很低，也就是噪声占有效信号的比例很大，人眼所能识别的噪声非常明显，而亮部的有效信号非常强，信噪比高，所以噪声难以察觉。对于同一视频系统所产生的噪声，噪声的水平不论在亮部还是暗部都是相等的，但是由于暗部本身有效信号电压很低，造成暗部的信噪比远远低于亮部的信噪比。

如前述，噪声对人眼的刺激由信噪比决定，而不是由噪声的绝对值决定。视频信号暗部的信噪比决定了系统整体的信噪比，可以通过提高暗部信噪比的方法改善系统信噪比。而伽马校正对视频信号暗部的有效信号提高幅度远远大于亮部，由CCD或CMOS产生的暗部电压一经输出就被迅速提升，这样可以提高有效信号对后续环节新增噪声的比值，提高整体系统的信噪比。这也是对模拟视频信号进行伽马校正的主要作用之一。

对于数字视频系统，亮度由离散的数字表示。如果不进行伽马校正，数字编码值与亮度之间为线性关系，这就意味着相邻码值之间所代表的亮度变化是相同的。而人眼是非线性的，如果在某一条件下，人眼能够识别1%的亮度变化，即 $\xi=1\%$，以8比特为例，码值“0”代表全黑，码值“2”代表的亮度是码值“1”的2倍，一倍的亮度差别人眼是肯定能识别到的，所以人眼在观看这种线性影像的时候会看到亮度的“突变”。为了避免此类情况的发生，100以下的编码值都不能使用，这就是第一章中讨论的“编码100”问题。如果丢弃100以下的码值，对于8比特影像来说，其最低亮度与最高亮度之比为255/100，其所能记录的影像对比度只有2.55，这是没有任何实用意义的。为了扩大线性数字影像的对比度，唯一方法就是提高位深，如果采用12比特，影像最大对比度为4095/100=40.95，也就是12比特的影像仅能记录40倍的对比度，只相当于约5级曝光量，宽容度远小于胶片。一般情况下，如果使用绝对线性方式，至少需要14比特位深才能达到电影拍摄所要求的宽容度。

如图11–4所示，图a中码值与亮度之间呈线性关系，暗部与亮部相邻码值之间所表示的亮度差别 ΔI 是相等的；图b是伽马校正后的码值，对于同样的亮度变化，在暗部区域需要用更多的码值范围来表示。显然，经过伽马校正的非线性编码更符合人眼在暗环境下对亮度变化更为敏感的特性。

值得注意的是，经过伽马校正的视频信号与亮度之间的非线性关系只是近似于人眼对亮度的非线性反应，二者之间并非完全一致，这种差异造成了视频伽马的一些局限性，而电影伽马则进一步解决了视频伽马所存在的问题（本书将指数形式的伽马称为视频伽马，将对数形式的伽马称为电影伽马）。

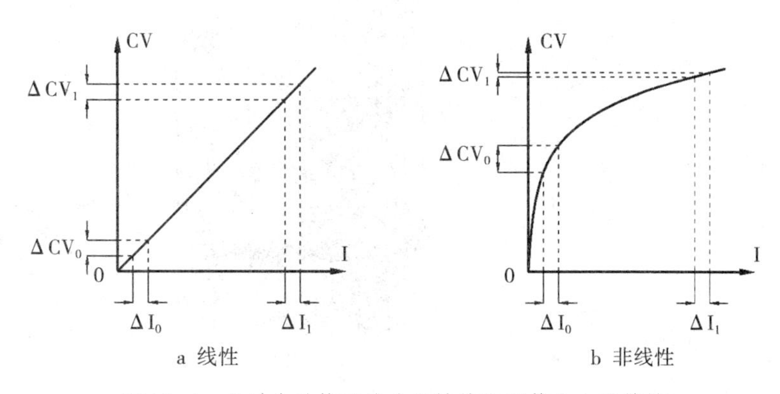

图11–4 经过伽马校正的非线性编码更符合人眼特性

11.1.4 环境效应与系统伽马

人眼对环境的适应性是非常强的。这种适应性一方面源于瞳孔及视神经本身的调节作用，另一方面大脑对人的视觉反应也起到了很强的补偿作用。如图11–5所示，图a和图b中心的两个灰色正方形的亮度是彼此相同的，但是在不同的环境下我们所感受到的对比度并不一样。亮环境下a图中的三个正方形的对比度要明显大于暗环境下b图的三个正方形的对比度，这是大脑的补偿作用所产生的结果，因为亮环境会对包括视觉中心在内的全部所见景物起到“增强”的作用，从而降低了亮环境下物体的对比度，为了补偿这一点，大脑就会夸大实际的对比度，从而造成了对比度相同的图像在亮环境中看上去反差更大的现象。这种由于环境亮度对视觉中心造成的视觉上对比度变化的效应称为环境效应。

如图11–6所示，假设我们有一套理想的视频采集与重现系统，其动态范围是无限大的，可以完全忠实地将被摄景物重现出来，那么，我们是否需要这种无差别的忠实重现呢？这里面涉及两个问题，首先，视频影像对被摄场景的再现不可能做到完全一致，多数情况下，重现影像的平均亮度和对比度都要远远低于被摄场景，观众看到的影像的亮度要低于实际场景的亮度，对比度也被“压缩”了；其次，即使能够做到理想的忠实重现，由于观众在观看真实场景和视频影像时所处的环境截然不同——多数情况下真实场景的环境亮度要大于显示器所处的环境亮度，所以即使重现影像与真

图11–5 环境效应

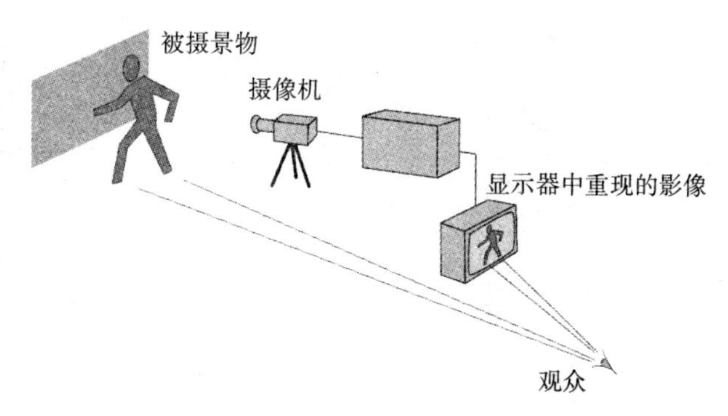

图11-6 影像的重现

实场景完全相同，由于环境的影响，人眼也并不认为二者是一致的。影像的重现必须在客观技术的一致性与主观视觉的一致性之间获得平衡。

这里需要引入系统伽马的概念，所谓系统伽马是指整个视频系统从影像的获取到重现之间各个环节伽马的叠加，也就是视频系统的“总”伽马。对于大多数视频系统来讲，其系统伽马就是伽马校正值与显示器伽马值的叠加。如果某视频系统对被摄景物是完全线性的还原，那么其系统伽马为1，对于实际的视频系统，系统伽马均大于1。如Rec.709高清标准，伽马校正值为0.45，在伽马为2.5的显示器上重现的时候，其系统伽马为0.45×2.5=1.125。如图11-7d所示，1.125的系统伽马是一条略微向下凹陷

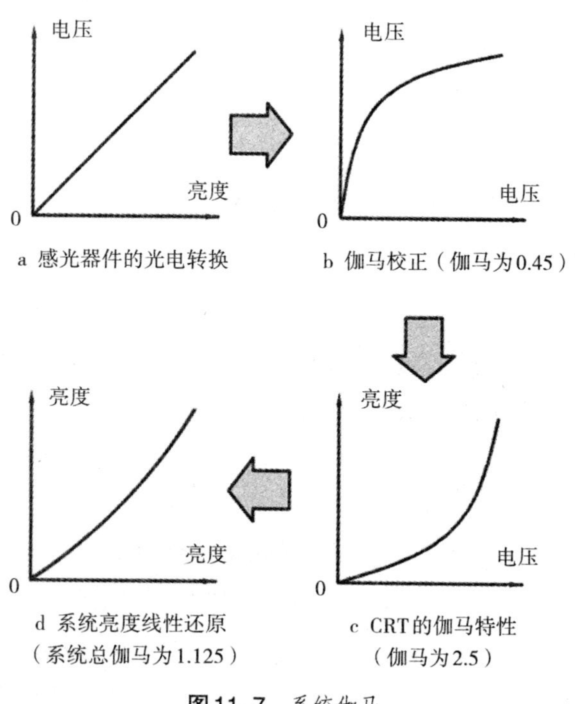

图11-7 系统伽马

a 系统伽马大于1　　b 系统伽马等于1　　c 系统伽马小于1

图11-8 不同的系统伽马影像对比度不同

的曲线，可以在视觉上提高视频影像的对比度，从而起到弥补由环境效应所造成的视觉对比度减弱的作用。此外，大于1的系统伽马也会提高重现影像的色彩饱和度。

图11-8是系统伽马在大于1、等于1和小于1时的示意图，从图中我们可以很直观地看到系统伽马对影像对比度和色彩饱和度的影响。系统伽马越大，影像的对比度越大，色彩饱和度越高；反之，系统伽马越小，影像的对比度越小，色彩饱和度越低。

在设计系统伽马时需要充分考虑环境效应的影响，比如主要用于桌面电脑的sRGB标准，其伽马校正值约为0.42，要略小于Rec.709的0.45，这是因为办公环境的平均亮度要略高于家用电视的环境亮度。而传统胶片负片的伽马（负片感光特性曲线的直线段的斜率）平均值约为0.6，整体系统伽马约为1.5，用更高的系统伽马来补偿全黑的观看环境。

11.1.5 视频伽马对亮度的记录与亮度参考点

自然界中，除了自发光物体，可见光基本上都是反射光，我们用眼睛分辨的信息中绝大部分都是反射光，所以视频技术更应该注重对反射光的采集与重现。反射光又可分为两种类型，一是物体表面的漫反射，另一种是镜面反射。纸张、衣服、木头、墙面等表面相对较粗糙的物体会对光源形成漫反射。而较光滑的物体表面会形成镜面反射，镜面反射往往形成俗称的物体的“高光”，比如水面的波光、金属的强反光等等。在两种反射光中，漫反射的比例更高，是记录和再现过程中最主要考虑的一种。镜面反射一般具有很高的亮度，往往会超出视频系统记录或重现的范围。

黑色天鹅绒是漫反射率非常低的物体，其反射率约为1%，即99%照射在黑天鹅绒表面的光线的能量均被吸收，只有1%的能量被反射出来；白石膏的漫反射率非常高，约为90%，即只有10%的能量被表面吸收，90%的能量被反射出来。由于视频技术更

图11-9 视频伽马对亮度的记录与亮度参考点

注重对漫反射光的记录，而世界上绝大多数物体表面的漫反射能力都介于黑色天鹅绒和白石膏之间，在设计视频系统时需要着重考虑1%的黑和90%的白这两个参考点，因为若是能在场景中同时记录这两个参考点，那么其主要视觉信息的亮度自然会被同时记录下来。如图11-9所示，0至100 IRE这段电压范围被用于记录1%至90%的亮度范围。值得注意的是，这里90%的亮度所产生的电压为100 IRE，也就是在正确曝光的情况下，反射率为90%的白石膏在示波器上显示的电压为100 IRE。

而对于镜面反射光或者光源直接发出的光线，一般情况下其亮度远远高于90%的白，这部分亮度范围在视频系统设计时做为次要考虑，仅使用相对较窄的一段电压范围或数字码值范围来记录高于90%的亮度。如图11-9，所有大于90%的亮度均由100至109 IRE这段电压范围来表示，而对于超出100%亮度的信息，只能压缩到100%的亮度，以109 IRE表示。

综上所述，视频伽马对亮度的记录更注重1%至90%这段范围，如此处理主要是出于技术限制、系统成本与影像质量综合考虑的折中结果，多年的实践证明这种记录方式能够满足绝大多数情况下视频影像的质量要求。

11.1.6 18%灰与灰渐变

反射率为18%的灰板是讨论摄影技术时经常遇到的一个重要参考点，18%的灰被称为中性灰。

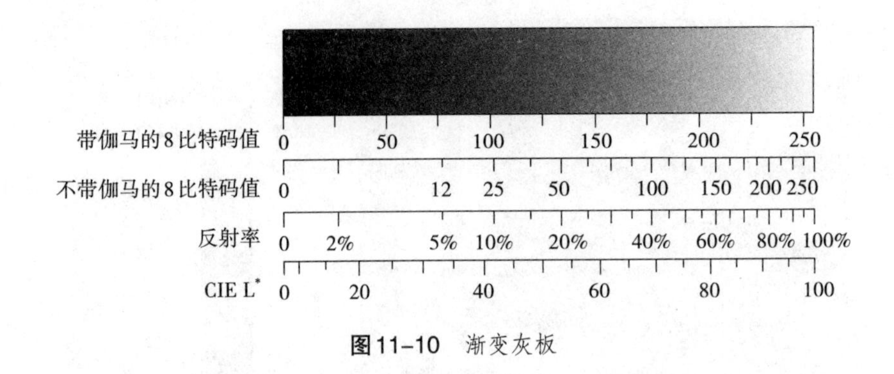

图11-10 渐变灰板

如果人眼的非线性特性与0.4的伽马曲线最为接近的话，那么可以用公式11.6来近似表示人眼对亮度变化的反应：

$$S=I^{\gamma} \qquad \text{（公式11.6）}$$

其中I为物理亮度，S为人眼视觉感觉到的亮度，设 γ 为0.4，通过计算不难发现，当I为18%时，S刚好为50%。即反射率为18%的灰被人眼视为视觉中性灰。

摄影师在拍摄胶片时，将18%的灰板做为反射式测光法的参考亮度，其根本目的是将代表视觉中性灰的密度曝光为胶片的中性密度，从而使得胶片的密度分布更符合人眼的特性。

同样，在使用电子摄像机拍摄时，18%的灰应曝光在电压范围或者编码值范围的中心点附近，这样可以使得视频信号的疏密分布与人眼的非线性相一致。

下面介绍渐变灰板。

图11-10为理想渐变灰板，这里人为规定其满足以下两个条件：（1）灰板最左端反射率为0，最右端反射率为100%；（2）使用伽马校正值为0.4的理想数字摄影机拍摄灰板，在曝光正确的情况下，拍摄后经过伽马校正的数字影像的编码值从左到右在0到255之间线性递增，即规定以码值表示的横坐标是线性均匀的。

同时，在相同的条件下对该渐变灰板进行测量，在横轴上标出亮度CIE L^*和反射率，以及未经过伽马校正的码值。其中CIE L^*请参看第二章公式2.3。

下面对此图进行分析。由亮度L^*的定义可知，它是一个视觉相对均匀的亮度空间，与人眼对亮度的反应近似呈线性关系。在图11-10中，L^*表示的横坐标基本上是线性均匀的，这说明此渐变灰板从左到右的亮度递增过程与人眼对亮度的反应基本一致，此灰板中心位置的灰度就是视觉中性灰。用带伽马的码值表示的横坐标也基本呈线性均匀分布，8比特码值的中点128基本上处在灰板中心位置，这说明经过伽马校正后的码值所代表的亮度分布与人眼对亮度的响应大致呈线性关系。

显然，未经伽马校正码值的横坐标呈非线性分布，说明它是视觉非均匀的，而经过伽马校正的码值更符合人眼特性。反射率的横坐标也呈非线性分布，18%的灰位于灰板中点，也就是视觉中性灰，而50%的灰位于灰板右侧，人眼认为50%灰的亮度远高于中性灰。

渐变灰板是分析视频获取与重现过程中影调传递的有利工具。

11.2 电影伽马

上一节讨论的伽马校正都是以指数形式出现的，本书将其称为视频伽马，因为它被绝大多数视频系统采用，同时，将带有视频伽马的影像称为线性影像。本节将讨论另一种伽马形式：电影伽马。电影伽马是以对数形式出现的，所以将带有电影伽马的影像称为对数影像。

在日常工作交流中，与伽马相关问题的表述经常出现混淆。例如上文提到的线性影像中的“线性”就会产生歧义，如仅从文字理解，很容易认为它是指影像采用绝对线性编码,且未经过伽马校正,即视频信号电压或码值与亮度(CIE Y)之间为线性关系，而实际上这里的线性是相对于对数而言的，线性影像也是带有伽马的。从严格意义上讲，“线性影像”的表述是错误的，但在日常工作交流中已经约定俗成，本书也沿用了这种表述。

11.2.1 视频伽马的局限

指数形式的视频伽马在一定程度上实现了视频编码空间与人眼视觉空间的一致性，提高了系统的信噪比，同时又补偿了CRT显示器的伽马特性，在广播电视、监控监看、网络媒体等领域得到广泛应用，其影像质量能满足除电影之外的绝大多数领域的要求。但是视频伽马在表现高画质、大画幅、高动态范围的电影画面时有很大的局限性。

首先，人眼对亮度的反应本质上是对数响应，指数形式的视频伽马只能在一定程度上模拟人眼的非线性，与人眼特性从根本上还具有差异，在同等技术条件下，这种差异最终会造成影像信噪比及动态范围的降低。其次，如前文所述，采用视频伽马的绝大多数摄影机更注重亮度1%黑至90%白的范围内景物的表现，所以绝大部分编码值或电压范围都用来记录这部分的亮度，超出90%的景物所获得的电压范围很小，造成了采用视频伽马的数字摄影机对亮部、高光的表现欠佳。其原因是早期的摄像管动态范围较窄，没有必要分配更多的电压范围记录90%以外的亮度。

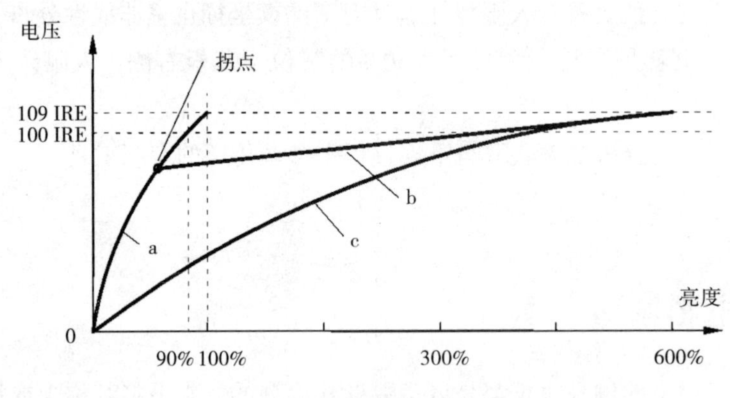

图11-11 视频伽马与拐点

但是，随着技术水平的不断发展，感光器件的动态范围随之提高，要求在不降低系统信噪比的情况下记录更加宽广的动态范围。假设较早的某款摄影机的感光器件可记录的动态范围为0至100%，并符合Rec.709标准，如图11-11，图中曲线a为Rec.709的伽马，在曝光正确的情况下，90%的白所产生的电压进行0.45的伽马校正后为100 IRE，90%至100%的亮度用100至109 IRE的电压范围来表示。由于技术进步，摄影机的感光器件的动态范围扩大了2.5挡左右的曝光级数，也就是可记录的最大亮度从100%提高到600%，这时如何用0至109 IRE的电压范围记录0至600%的亮度范围成为必须解决的问题。

其中一个方法是将600%的亮度视为原有的100%，并用原有的Rec.709伽马进行记录。如图11-11，曲线c为曲线a的横向等比拉伸。如此处理之后，代表相同亮度的电压大幅度降低，影像在标准显示器上将无法得到正常还原，会出现非常严重的失真。

所以采用上述方式扩大Rec.709的动态范围是不可行的。索尼公司在其HDW-F900等摄影机上采用设置拐点（knee point）与斜率（slope）的方法部分解决了这个问题。如图11-11中曲线b所示，在拐点以下仍旧采用原有Rec.709的伽马，使得影像中亮度在拐点以下部分的影调保持不变，而改变拐点以上伽马的斜率，使得拐点以上的这部分电压范围最大限度地记录更加宽广的亮度范围，从而达到600%。由于一般场景中大部分景物亮度都在拐点以下，所以在影像还原后，其整体影调变化不大，只是视觉上在亮部特别是高光部分会感觉反差降低。由于避免了对100%以上亮度直接丢弃，这种方式客观上记录了更多的信息，导致视觉上层次增多，如图11-12。此外，拐点的位置和斜率大小都可以根据不同要求进行调整。

设置拐点在一定程度上扩大了视频伽马所能记录的亮度范围，但是并没有从根本上解决视频伽马影调不够细腻、动态范围小等缺陷，特别是对于大银幕的电影来讲，

图11-12　拐点与亮部层次

这些缺陷一目了然。下面介绍被目前绝大部分数字电影摄影机所采用的对数伽马，本书也称之为电影伽马。

11.2.2 对数影像

目前主流数字电影摄影机多采用电影伽马，电影伽马与视频伽马相比，所表现的影像更加细腻，动态范围更加宽广，本节重点介绍电影伽马的原理与特点。

本章第一节较详细地论述了人眼对亮度变化的非线性反应，这种反应与亮度之间呈对数关系，详见公式11.3。如前述，视频伽马虽然能够近似拟合此特性，但是仍然存在一定问题。

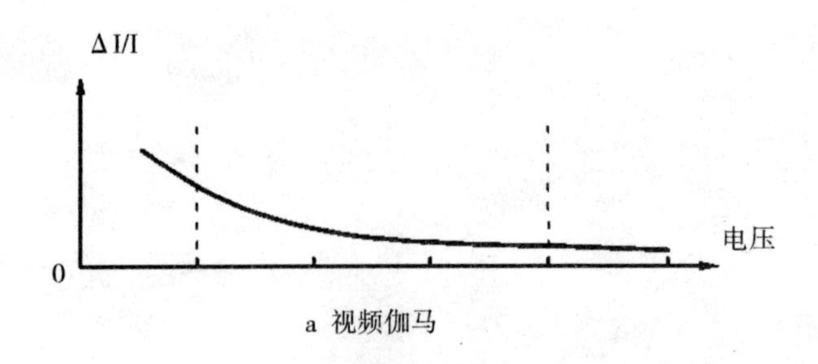

a 视频伽马

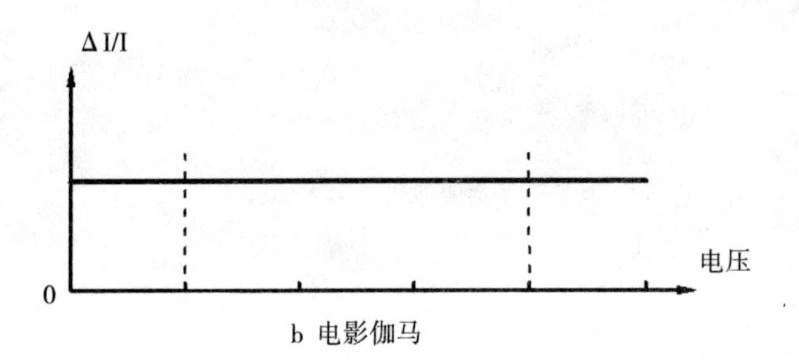

b 电影伽马

图11–13 视频伽马、电影伽马电压与亮度变化比关系示意图

电影伽马采用了对数关系来描述亮度与电压或码值之间的关系，克服了视频伽马的缺陷，公式11.7为电影伽马校正的一般性公式：

$$V_{out}=k\log V_{in}+a \qquad \text{（公式11.7）}$$

其中V_{in}为校正前电压，V_{out}代表经过伽马校正后的电压，k、a为常数。由于校正前电压与景物亮度呈线性关系，所以带有电影伽马的视频信号与亮度之间呈对数关系，这与人眼的特性完全吻合。相比视频伽马，电影伽马对亮度的记录更精确地符合人眼的非线性特性，如果人眼对亮度变化的最小分辨阈值为1%，那么通过设置公式11.7中的常数，可以使伽马校正后的电压与亮度之间也符合1%的阈值，即能够保证经过伽马校正后的视频信号变化相同的电压值或码值，所代表的亮度变化与原亮度之比不变。如图11–13，图中a、b曲线分别为视频伽马校正和电影伽马校正后的电压与亮度变化比的示意图，其中横坐标为电压，纵坐标为单位电压变化所造成的亮度变化比ΔI/I。从曲线a可以看出，对于指数形式的视频伽马，ΔI/I并不是常数，而是随着电压的增加而逐渐降低，这就会造成在暗部区间的ΔI/I过高，而亮部区间的ΔI/I过低的情况，这与人眼的特性并不一致。而图b则说明，采用电影伽马的视频信号在全部范围内，ΔI/I是恒定的。

从图11–13可以得出，电影伽马符合ΔI/I为常数这一人眼特性，这就保证了经过电影伽马校正之后的电压或者码值的疏密分布与人眼对亮度的反应高度一致，从而最

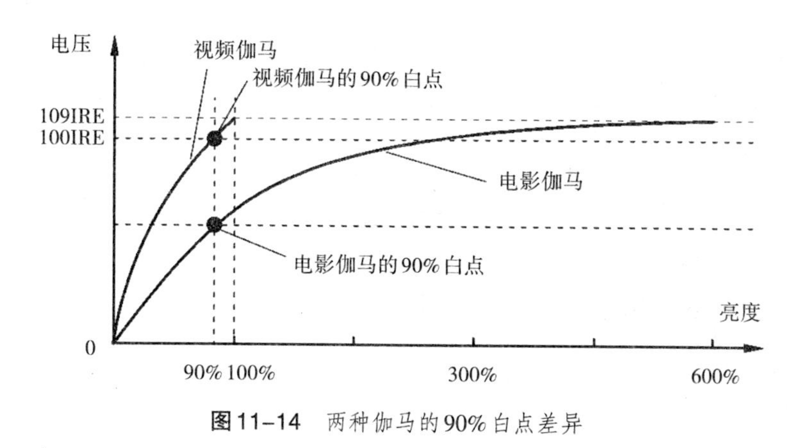

图11-14 两种伽马的90%白点差异

大限度地提高了系统的信噪比，对于数字视频信号，在量化位深不变的情况下，可获得最宽广的动态范围。

在图11-14中同时绘出了视频伽马与电影伽马。代表电影伽马的90%白点的电压要低于视频伽马的90%白点电压。如前文所述，视频伽马更加注重对1%黑到90%白这段亮度区间的记录，而仅使用相对很小的电压范围来记录90%以上的亮度。电影伽马的白点电压远低于视频伽马，这就意味着采用电影伽马的视频系统有更多的空间用来记录90%以上亮度，图11-14中的电影伽马可表现最多600%的亮度，实际上可以达到的动态范围还要更加宽广。一般来讲，10比特位深的对数影像的动态范围至少可与14比特绝对线性影像相近。

前文曾经讲过，人眼对亮度的最小阈值 ξ 主要在0.5%至2%范围内变化，可以通过设置公式11.7中的k和a，选取适当的 ξ 值，从而在影像的影调层次和动态范围之间找到一个平衡点。不同的摄影机生产厂家也会设置不同的 ξ，比如潘纳维申公司推出的Genesis数字摄影机采用的电影伽马为PANALOG™，ξ 值为0.53。

这里需要强调的是，在实际数字摄影系统中。视频伽马校正往往发生在数模转换之前，即由CCD或CMOS输出的模拟电压首先进行视频伽马校正，然后再进行数模转换；而目前绝大多数采用电影伽马的数字电影摄影机，其伽马校正均发生在数模转换之后，由CCD或CMOS输出的电压首先进行数模转换，形成量化位深通常为14比特或16比特的数字信号，然后再将此数字信号进行由线性到对数的转换，转换的同时也伴随着量化位深的下降，位深从14比特或16比特下降为10比特。

11.2.3 LUT技术与影像再现

理论上，符合Rec.709标准的视频信号只能在同样标准的显示器上正常还原，如

a 视频伽马可在标准显示器上正常还原

b 电影伽马无法在标准显示器上正常还原

图11-15 视频伽马与电影伽马在标准显示器上的还原

图11-15a，我们看到影像影调还原正常。如果将对数影像送给Rec.709标准显示器监看，因为二者的伽马完全不同，所以影调及色彩必然不能够正确的还原，如图11-15b，此时的影调不能得到正常还原。

对数影像在Rec.709视频监视器上显示，其影调具有如下特征：

- ▶影调、色调还原失真。
- ▶画面反差大幅度降低，画面整体偏灰。
- ▶画面色彩饱和度降低。

对数影像在标准Rec.709显示器上不能够正常还原，其根本原因在于二者的伽马差异很大，理论上，对数影像必须在具有电影伽马的显示系统中才能够正常还原。但是没有任何一种显示器的自身伽马是电影伽马，所以要人为地将其校正为电影伽马。

最常见的改变显示系统伽马的方法是使用LUT（look up table的简称，中文为查找表）。如图11-16所示，在Rec.709显示器上直接显示对数影像只能得到反差降低的

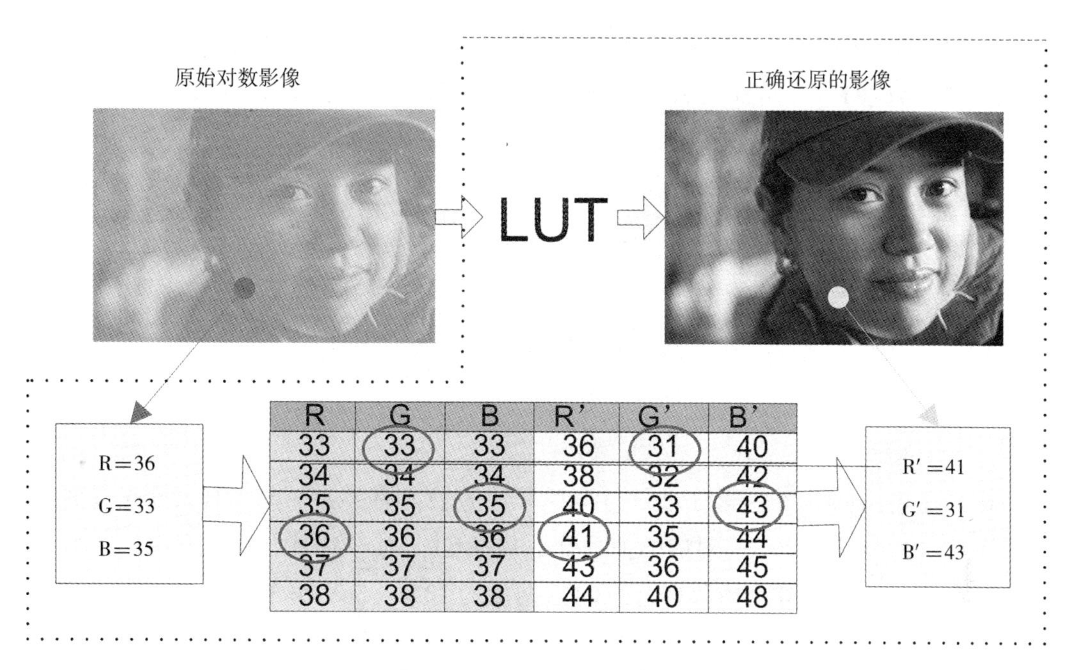

R	G	B	R’	G’	B’
33	33	33	36	31	40
34	34	34	38	32	42
35	35	35	40	33	43
36	36	36	41	35	44
37	37	37	43	36	45
38	38	38	44	40	48

图11–16 LUT原理示意图

画面。如果利用LUT将对数影像转换，使其电影伽马转换为视频伽马，影像即可得到正确还原。如果将图11–16中虚线范围内的LUT和显示器视为一个完整的显示系统的话，此显示系统具有将对数影像正确还原的能力，可以将其称为“对数”显示器。除此处提到的功能外，LUT还具有很多其他的作用，比如多台显示器差别的统一，不同色彩空间的匹配等等。LUT在影视制作过程中被广泛使用，其主要特点是并不改变影像的原始数据，只是在显示的过程中对原始影像进行调整。在实际系统中，一些专业显示器本身带有加载LUT文件的功能，可将LUT文件加载到显示器中，从而实现对画面色彩的校正；多数影像处理软件也都带有LUT加载功能，比如Apple的Color和Blackmagic的DaVinci Resolve等都可以加载不同格式的LUT文件，从而实现对影像监看画面影调、色调的改变。

本质上可以将LUT视为函数，图11–16中的LUT就是将影像的电影伽马转换为视频伽马的函数。既然是查找表，顾名思义，就是能在其中通过一个对象查到另一个对象，呈现一一对应的关系。查找表中的两个对象往往具有等价性，譬如摩斯电码与英文字母的关系，摩斯电码长短信号的排列等同于与之对应的英文字母。LUT本身并不进行运算，只需在其中列举一系列输入与输出数据即可，这些数据呈一一对应的关系，系统按照此对应关系为每一个输入值查找到与其对应的输出值，这样即可完成转换。

在图11–16中，原始影像中某点的R、G、B码值分别为36、33 和35，由于原影像是对数影像,此RGB值带有对数伽马。此点的码值经过LUT查找之后,得到R′G′B′,其值分别为41、31、43,并带有视频伽马,此过程完成了从对数伽马到视频伽马的转换,使得原对数影像得以在Rec.709显示器中正确显示。

LUT可以从结构上分为两种类型，一种是1D LUT，另一种是3D LUT，即俗称的一维查找表和三维查找表。两者在结构上有着本质的区别，应用的领域也不同。

1D LUT输入与输出关系如公式11.8：

Rout=LUT（Rin）

Gout=LUT（Gin）

Bout=LUT（Bin）（公式11.8）

该LUT输出的三个色彩分量仅与自身分量的输入有关，而与另外两个分量的输入无关，这种分量之间一一对应的关系就是1D LUT。对于10比特系统来说，一个1D LUT包含1024×3个10比特数据，总的数据量为1024×3×10=30Kbit，可见一个1D LUT的文件量是相当小的。1D LUT具有数据量小、查找速度快的特点。

3D LUT输入与输出关系如公式11.9：

Rout=LUT（Rin，Gin，Bin）

Gout=LUT（Rin，Gin，Bin）

Bout=LUT（Rin，Gin，Bin）（公式11.9）

以上公式表达的是3D LUT的对应关系，从中可以看到转换后色彩空间的每一种色彩与转换前的RGB三色均相关，这也是3D LUT区别于1D LUT最本质的特点。对于10比特系统，显示器的色彩空间有$1024^3\approx 1G$种色彩，转换成胶片之后也有大约1G种，要精确地列举它们之间的这种对应关系，我们需要1G×3×10bit＝30Gbit的数据量，对于如此大的一个LUT，不论存储还是计算都是不现实的，所以必须找到更加简单的手段。

3D LUT在实际应用中使用节点的概念，由于不可能将不同的色彩空间中的每一种色彩都一一对应地列举出来，那么可以采取某种简化手段，每间隔一定的距离做一次列举，而两次列举之间的色彩值采用插值的方式计算，列举出来的对应值叫做节点，节点的数目是衡量3D LUT精度的重要标志。通常所说的17个节点的3D LUT是指在每个色彩通道上等间距地取17 个点，而该3D LUT真正具有$17^3=4913$个节点，它的数据量为4913×3×10bit＝147.39kbit，显然比不做简化处理的30Gbit小得多。3D LUT的节点数目一般是2n+1，譬如17、33、65、129、257 等，目前市面上的色彩管理系统可支持最高的单色彩通道节点数目为257。3D LUT主要用于校正数字配光所用的显示器画面与最终胶片影像之间的差距。理论上讲，如果最终影像仍然在普通显示器上播放，譬如DVD 和广播影像，1D LUT 完全可以胜任。如果最终影像在数字影院播放，要看使用什么类型的数字放映机，如果放映机使用DCI标准，理论上讲应该使用3D LUT进行校正，因为DCI标准采用CIE XYZ色彩空间，并不是RGB色彩空间，但是在实际工作中使用1D LUT也能使DCI模式的数字放映达到不错的效果；如果不是DCI标准的数字放映机，1D LUT就足够了。

出版后记

数字技术的发展给影视领域带来的革新意义已无须赘言。其相对低廉的成本，便于操作的制作过程以及日臻完善的技术水准令其迅速取代胶片，成为电影人的新宠。

本书以数字化为主要方向，系统详尽地概述了作为数字电影重要组成部分的视频技术在获取、存储、传输、处理、再现等方面的基础知识。在编写上本书力求精简明晰，从人眼的视觉构造到视频图像的基本属性；从色彩三要素到色度学；从摄像管到CCD和CMOS；从扫描同步到模拟与数字的转换；从模拟视频到数字视频的传输方式；从磁带录像机存储原理到半导体存储设备的研发；从液晶显示器的出现到其各类型号的百花齐放，读者可以由浅入深，由简入繁地追随视频技术发展与精进的步伐，全面掌握其主要理论与应用。

视频技术本身具有较高的科技含量，所以本书选择使用更加简练晓畅的阐述语言，在表现相对抽象的理论时图文并茂，降低阅读门槛的同时也不乏一定的趣味性。对于相关专业学生及爱好者来说不失为一部好用的教材与参考书。

服务热线：133-6631-2326　139-1140-1220

服务邮箱：reader@hinabook.com

“电影学院”编辑部

后浪出版咨询（北京）有限责任公司

拍电影网（www.pmovie.com）

2013年8月

图书在版编目（CIP）数据

视频技术基础 / 孙略著．——北京：世界图书出版公司北京公司，2013.5

ISBN 978-7-5100-6181-3

Ⅰ．①视… Ⅱ．①孙… Ⅲ．①视频制作 Ⅳ．① TN948.4

中国版本图书馆 CIP 数据核字（2013）第 103762 号

视频技术基础（插图版）

著　　者：孙　略　　**丛 书 名：**电影学院　　**筹划出版：**银杏树下　　**出版统筹：**吴兴元

编辑统筹：陈草心　　**责任编辑：**曹　佳　刘晋京　　**营销推广：**ONEBOOK　　**装帧制造：**墨白空间

出　　版：世界图书出版公司北京公司

出 版 人：张跃明

发　　行：世界图书出版公司北京公司（北京朝内大街 137 号 邮编 100010）

销　　售：各地新华书店

印　　刷：北京嘉实印刷有限公司（北京昌平区百善镇东沙屯 466 号　邮编 102206）

（如存在文字不清、漏印、缺页、倒页、脱页等印装质量问题，请与承印厂联系调换。联系电话：010-61732313）

开　　本：787 毫米 ×1092 毫米 1/16

印　　张：11　插页 4

字　　数：222 千

版　　次：2013 年 10 月第 1 版

印　　次：2013 年 10 月第 1 次印刷

读者服务：reader@hinabook.com　139-1140-1220

投稿服务：onebook@hinabook.com　133-6631-2326

购书服务：buy@hinabook.com　133-6657-3072

网上订购：www.hinabook.com　（后浪官网）

拍电影网：www.pmovie.com　（“电影学院”官网）

ISBN 978-7-5100-6181-3　　**定　　价：**35.00 元

后浪出版咨询（北京）有限公司常年法律顾问：北京大成律师事务所　周天晖　copyright@hinabook.com